少女猫 著

40岁
是新的
20岁

民主与建设出版社
·北京·

图书在版编目（CIP）数据

40 岁是新的 20 岁 / 少女猫著 . — 北京：民主与建设出版社，2024.4
ISBN 978-7-5139-4556-1

Ⅰ.① 4… Ⅱ.① 少… Ⅲ.① 中年人 – 成人心理学 – 通俗读物 Ⅳ.① B844.3–49

中国国家版本馆 CIP 数据核字（2024）第 064318 号

40 岁是新的 20 岁

40 SUI SHI XINDE 20 SUI

著　　者	少女猫
责任编辑	郭丽芳　周　艺
封面设计	张景春
出版发行	民主与建设出版社有限责任公司
电　　话	（010）59417749　59419778
社　　址	北京市海淀区西三环中路 10 号望海楼 E 座 7 层
邮　　编	100142
印　　刷	运河（唐山）印务有限公司
版　　次	2024 年 4 月第 1 版
印　　次	2024 年 7 月第 1 次印刷
开　　本	880mm×1230mm　1/32
印　　张	7.25
字　　数	180 千字
书　　号	ISBN 978-7-5139-4556-1
定　　价	52.00 元

注：如有印、装质量问题，请与出版社联系。

目录 CONTENTS

摆脱困局的极简自律，莫让40岁奔跑在舒适区

向外精进自己，40岁皆有可能

摒弃无用社交，40岁努力让有效关系加速流动

财富自由要靠思维通透，40岁以后学会让银子滚雪球

半熟家庭的伤痛与疗愈，40岁别放弃敢爱敢恨的自己

向内安顿自己，允许一切发生，40岁学会与不确定周旋到底

健康不走弯路，40岁以后，靠细节打造身体

PART 01

说什么中年危机，
40岁是新的20岁

人到四十不得已，难道只能认命吗？

在 40 岁寻找意义，如何做到命格的破裂式成长？

临时人格必须消亡，成熟人格才能诞生。

别让目标感迷失，为往后余生负起责任。

逆风起兮云飞扬，下半场，我们翻盘……

人到四十不得已，难道只能认命吗

．
．
．

对于"认命"这个概念的讨论似乎已经进入了世界观的范畴，有人说，认命，就是认清自己的命运。

这种说法固然有一定的道理。

对于一个 40 岁的人来说，首先应认清自己的天赋与条件，将这些代入自己的现实生活中，从而实践出自己的能力半径，知道哪些东西是自己触手可及的，哪些东西是通过努力可以获取的，而哪些东西只能称为美好的愿望、如镜花水月般可望而不可即。然后根据自己的价值观或喜好，在生命的上限与下限之间选择一个自己想要的，并且可以达到的点。

如果你已经达到了这个点，活成了自己想要的样子，并且已经达到了能力的极限，那么当然要认命，能力之外的事情，该放过自己就放过自己，人生不只有激进，还有诗意和健康。

如果你还没有达到，人生的注脚只有失败、挫折，于是在苦痛之余锐挫望绝：就这样吧，40 岁了，我不打算挣扎了。

但这是不对的。

人生的确有局限，但却不会到无路可走的地步，事实上，只要憋住一口气，坚持走下去，总会找到一个出口，即便很窄，也能通过。实情往往是我们心灰意冷，不愿再走，那么自然无路可走。

东北老家有个朋友，家庭环境一般，父母重男轻女，她从小到大就没有穿过一件新衣服，都是捡哥哥姐姐的。

后来她考上了大学，虽然只是二流，但也足以让她不再被困在那一亩三分地上，可父母并没有让她实现这个愿望，因为钱要留给哥哥娶媳妇用。

到了谈婚论嫁的年龄，她总算叛逆一次，她没有接受父母的换亲安排，而是把自己"裸嫁"给了一个"大号暖男"。但这个男人婚后却换了一副嘴脸，爱喝酒、赌博，喝醉了就拿她出气，她最终带着孩子离开了。

后来，她把孩子寄养在父母家，只身一人到北京打工。家里人经常向她要钱，今天说她给的钱不够养孩子，明天说哥哥家要买电脑让她帮忙凑一凑，无奈之下，她打了两份工，白天在商场做销售员，晚上到烤串店当服务员。

两年后，她攒了一些钱，把烤串店的工作辞了，然后一边工作，一边自考汉语言文学，经常累到崩溃。

那段时间她滴酒不沾，因为一喝酒就哭，无论喝多少。大家都知道她心里苦，也不知道该怎样安慰她，只能说："你特别坚强，真的，比我们这帮男人都坚强。"

她抹下眼泪，气鼓鼓地说："我和你们能比吗？我这辈子遇到的破事都快能拍成一部电视剧了。我不坚强怎么办？认命，那些破事就不存在了吗？我的孩子，你们给我养啊？"

她说："我不把自己当骡子使，我们娘俩就得像骡子一样活。毕竟我拼不拼命，事情都在那摆着，我累点，痛苦反倒能少点，日子至少还有个盼头——反正我没想过死，既然不想死，那就只能尽量让自己活得皮实点。"

那时我们就相信，她终有一天会时来运转的，因为她从来没有向命运低头认输。

如今十几年过去了，42岁的她现在自己经营一家规模不大的自媒体公司，成了一个老板。孩子也很争气，考上了哈尔滨工业大学。她笑着说，下一步该给自己找一个优秀的老伴了。

你看，生命其实是不怕苦的，怕苦的只是我们自己。当生命被生活推向痛苦的极致时，往往能展现出一些从容的美，临乱世而不惊，处方舟而不躁。这样活着虽然很苦，但也很富足。

对于"认命"这种事，到了40岁的年纪，我们总结出了两种定义。

一种定义是积极地接纳。要理解、接受、原谅曾经不太好的自己，无论过往如何糟糕。也就是说，对于已经发生、无法更改的事实，接纳它，认命好了。这并非不思进取、自甘堕落，而是在精神上放过自己。不痛苦于过往，才有勇气直面将来。

另一种定义是无奈地接受，向眼前的困境妥协，或者说，把它当成自己不作为的一种借口。这种做法无疑是致命的。

我们可以从时间的维度来概括一下，将生命分为过往、当下和将来。对于过往的一切，好或不好，对与不对，我们统统接纳，学会放下；对于年近 40 的当下以及还要延续很久的将来，我们要精准把握，全力突破，专注于当下，去冲刺将来。

这才是一个 40 岁的中年人在看清世事以后应该呈现的样子。

40岁
是新的20岁

在 40 岁寻找意义，
如何做到破裂式成长

.
.
.

呵，这好像是个可笑的话题。我们每个人都有自己的价值观，也因此有了各自不一样的活法。所以人生的意义是什么？

意义经常以口号的形式出现，说多了就让人觉得，意义毫无意义。

但即便人生再无意义，无论如何你也绕不开这两个字——活着。

既然要活着，即便你与世无争，你也一样要争夺资源。

生命的基础就是争夺资源，生命体必须通过各种各样的方式争夺资源，保证自己生存和繁衍的成功。

这是万物必须面对的竞争，不管你愿不愿意，你都必须竞争，哪怕你不嫁不娶彻底躺平，你也逃不开竞争，哪怕你只赚一顿饭钱，你也是在与别人争夺资源。

这是生命的基础，也是生命的基础意义。

事实上，我们今天面临的一切困难与困扰，都发生在争夺资源上。

人类社会人口日渐增多，资源之争也愈演愈烈，努力的人通过自己的能力与条件，优先享用优质资源，越努力，享受的资源就越优质。

那么40岁的人，你现在处在哪一层呢？

人性是得陇望蜀、贪得无厌的，而好资源是有限的。

倘若仍希望从你这代开始在这种竞争中占据优势，那么就要让自己努力向上，哪怕只上一层——这是唯一的方式。

这个时候，我们甚至需要一点儿动物精神。

狼界的等级制度尤其森严，狼群分为三个等级。

狼王以及它唯一的配偶狼后，属于阿尔法等级，又被称为阿尔法狼，它们可以高高地翘着尾巴在狼群中横行霸道，优先享有缴获的所有物资。最重要的是，在狼界，只有狼王与狼后才拥有交配权，其他公狼不但没有生育权，还要竭尽全力照顾、供养阿尔法狼的后代，保证王的子嗣健康成长。

次高等级是贝塔狼，若是族群较大的话，贝塔狼可以有自己的配偶。它们协助阿尔法狼发号施令以及统治狼众，它们也可以将尾巴翘起，但高度要相对头狼略低，在资源充足的情况下，它们的生活过得还算不错。

其余狼众，属于层次最低的欧米茄等级，活得毫无尊严可言。它们活在队伍的边缘，是经常被淘汰、驱逐的那类狼，它们只能吃阿尔法狼和贝塔狼吃剩的食物，如果食物不多，就只能啃骨头或者饿肚子。

那么事情就只能这样了吗？换句话说，它们的等级就这样固化了吗？

不，在狼界，决定等级的唯一标准是有多强大。

谁是阿尔法狼取决于谁更强大，这个位置从来不是一成不变的。每一匹欧米茄狼都有成为贝塔狼甚至阿尔法狼的机会，前提是它愿意自己变得强大。

　　每一匹有想法的欧米茄狼都会不断地强化自己，不时向阿尔法狼的位置发起挑战，不光是为了活得更好，也是为了自己的血脉可以传承下去，即便它并不是那么强大，它也会矢志不渝勇争第一。

　　也许 40 岁的你便是一匹欧米茄狼，你不够强大，沦落到社会的底层，支配着被别人筛选下来的为数不多的资源，一直处于随时被淘汰的边缘。

　　对此你可能并不在乎，你超脱世俗，不汲汲于名利，但让自己的后代可以在这个世界上更好地繁衍生息，是你的义务与责任，也是你作为生命无法忽视的意义。

　　所以，进一步让自己强大是你唯一的出路，也是 40 岁以后的你的当务之急。

　　你必须相信，只要持续不断地努力，自己终究可以成为社会中的头狼。

　　在一次次的尝试中，你或许一次又一次地失败，落得体无完肤，伤痕累累，但你得到了锻炼，无论是在能力上还是心智上。

　　有一天，你所在的狼群遇到了困难，你们在围捕一只凶猛的庞然大物，众狼一时近身不得，又无计可施。眼见到口的猎物即将冲杀出去，你一声长啸，腾空而起，见血封喉。

　　你完成了阶层跃迁，生命的质量与意义从这一刻开始发生转变。

　　每天上班之前，我们不妨把这个场景在头脑中重复一遍，让自己斗志昂扬、元气满满，时刻提醒自己做一匹阿尔法狼，它会引导你强迫自己努力变强。

临时人格必须消亡，
成熟人格才能诞生

为什么公交车上的俊男靓女充满朝气，而不到 40 岁的你看起来老态龙钟？

为什么刚刚结婚的小两口总是那样甜蜜，而你正在经历情感危机？

为什么刚毕业的同事披荆斩棘、高歌猛进，而你却冲不出瓶颈期？

你是否对自己的未来感到迷茫，为此焦虑不已？

如果是这样，那么，你已经遭遇了 40 岁所特有的年龄危机。

关于年龄危机，荣格派心理学家詹姆斯·霍利斯见解独到：年龄危机是临时人格与内在愿望之间不可调和的矛盾造成的。

我们每个人都基于社会生存，社会会在潜移默化中将我们塑造成社会化产物，我们的人格因受到各种环境制约，尤其是原生家庭制约，会逐渐形成一个定式。

　　成年以后，我们依旧无法放飞自我，因为只要活着，就一定要遵守社会规范。这与我们内心的真实愿景背道而驰，我们并不喜欢，但我们迫不得已，这就造成了人格逆差，这种逆差会越积越多，只要有合适的引子，随时都会爆发。

　　人到四十，个性、棱角都被现实磨平了，于是便形成一种逆来顺受的认知——生活本该如此，大同小异。这种区别于本质人格，经由外界环境强行塑造而成的社会化内心形态，在心理学领域被称为"临时人格"。

　　美国心理学家詹姆斯·霍利斯在书中写道，所谓临时人格，就是我们被迫向外界表达妥协反应的集合，它使我们只能以一种受限的视角观望世界，在生活中努力扮演着被期待的角色，习惯性地做出从众性的选择。我们认知的自主性与判断力，由此被压抑。

　　临时人格与本质人格看上去风平浪静，实际上一直暗流汹涌。

　　一旦我们遇到重大挫折、遭遇苦难洗礼，出现精力不济，如遭遇瓶颈期或是情感危机，本质人格就会受到刺激，在压抑中逐步苏醒，我们就会对临时人格赋予的社会认知的正确性产生怀疑。

　　内心与现实的冲突，本质人格与临时人格的逆差矛盾，会使我们无所适从，我们不知道自己该如何去做，该何去何从，这就是生命经历生活洗礼到达一定阶段而出现的年龄危机。

　　两种人格都要求我们做出抉择：要么就此改变，要么一成不变。

　　改变必然带来风险，这让很多人裹足不前，而不变并非原地踏步，当大部分人都在谋求突破时，不变就是不进则退。

　　家乡有一个表叔，常常酒后长吁短叹："我这辈子要不是胆子太小，早就出人头地了！"

说起来也着实可惜，20世纪90年代初，表叔刚30岁出头，正是激情可以燃烧的岁月，表叔的同窗好友辞了工作，热情满满地约表叔一起去深圳："这种一眼望到头的生活我过够了，说不准哪天政策一变，铁饭碗也会摔得大裂八瓣！特区的发展是大势所趋，听我的，趁年轻，一起去闯一闯吧！"

表叔犹豫了，理论上，老同学说得没错，当领导的还经常换届选举呢，何况自己只是一个小小的工人。

然而自己的工作虽然没有多大前途，枯燥乏味，可毕竟是铁饭碗啊！

妈妈说过，端起铁饭碗，一辈子不犯难。

于是表叔婉言谢绝了老同学的好意，甚至还对老同学婉言相劝。

这位老同学毅然决然地直奔深圳特区，一番闯荡，现在身家已经达到八位数了，当然，这在深圳并不稀奇。

不久之后，表叔所在的集团企业准备改组上市，并允许内部职工优先认股，每股作价43元，按规章制度，表叔可以认购500股。

这次表叔毫不犹豫地放弃了：股票是什么东西？价值一跌形同废纸，哪有把钱放在银行收利息保险。于是他把自己的认股权以1500元的白菜价卖给了同事，然后揣着1500元美滋滋地去了银行。结果自不待言，那个年代能持有一家国字头背景的集团企业原始股票，每年的红利想必也拿到手软了。

又过不久，单位为了顺应时代潮流开始精兵简政，表叔因为考核不佳被末位淘汰，一次性买断工龄成了灵活就业人员。

表叔为此还大病了一场。

生命的可能性常常毁于内心的约定俗成，经年历久的呆板认知成为我们人生瓶颈的主要来源。人要么不变，沦落到圈层的最低点，要么求变，在40岁以后踏上人生新的起点。

只有临时人格死亡，成熟人格才能诞生。

内心面临两个冲突世界时，只有其中一个死亡，另一个才会重生。

但同时也会出现一种悲哀：一个已经死亡，另一个却无力重生。

40岁正处在这个节点上，尽管常常让人感到痛苦，但恰在此时，我们经受足够的历练后，获得修正自己的机会。

当我们意识到在自己的躯体内并存着两个冲突的精神世界时，我们也就开始步入觉醒，思索如何从痛苦中获得意义。

无论你此时身处怎样的环境，都需要在尊重社会运行规则的基础上，与内心向往的那个"真实的自我"做一次坦诚对话，确定自己想要的是什么。继而以法律和道德为准绳，尽可能去满足自己潜意识中的内在需求，为自己打开一个全新的世界。

如果我们只是怨天尤人，那么生命不会出现任何良性改变；如果我们的勇气配不上我们的野心，人格的发展也就无从谈起。

40岁以后，我们需要把自己活成人间清醒，给自己的故事制造一个有惊有险、风起云涌的结局。

别让目标感迷失，
为往后余生负起责任

· · ·

·

对当下不满，对未来不知，界临 40 岁的中年人往往会陷入这样一种僵局。

内心想要的太多，现实中能做到的又有限；常常列出很多计划，但又大多虎头蛇尾。

一直想着尽善尽美，事业上博个锦绣前程，婚姻里要琴瑟和鸣，孩子最好出类拔萃，但如今，他们无可奈何地陷入了"三难"之境。

那么，财富自由到底还能不能实现，未来发展该何去何从，事业与家庭该怎样平衡？

立足长远，好高骛远了怎么办？执着于当下，又会不会折戟沉沙？

每个人的未来都有着巨大的不确定性，每个人都有自己还没有跨过去的坎、还没有悟出来的道。

到了 40 岁，你会发现，我们其实一直在现实与自己的内心世界之间游荡，我们一直构思的林林总总，在外部世界突如其来的兵荒马乱前根本不值一提。

人到四十，最难能可贵的是在看透现实的同时，又能够坚持自己的本色，守好自己的边界，不受外界评判的影响，在巨大的不确定中确定自己值得做的事情，这是一种跨越简单生存的基础能力。

在这里，确定目标最为重要。

或许看到这里，你哑然失笑，我 40 岁了，还需要确定目标？

对于 40 岁的中年人来说，再次确定目标，就是要对自身实力有个正确的评估，去掉之前幼稚期里的华而不实，分析实现下一目标的基础，衡量目标与现实之间还有多少距离，再扪心自问：现在的我，有没有能力消除这段距离？

只有这样，在接下来的日子里，我们才不会活得虚无缥缈。

事实上，我们 30 岁时遭遇滑铁卢，多半是因为我们缺少行之有效的计划。

某大学的市场营销课堂上，有个同学举手问老师："老师，我想在一年之内赚足 100 万！请问我应该如何设计自己的目标呢？"

老师笑了笑："这个目标你自己相信吗？"

"我当然相信！"他说。

"好！有志者事竟成，可是同学，你想通过哪一行业来实现目标呢？"

"保险。老师，现在普通人也有了防患意识，我觉得保险是个很有潜力的行业。"

老师追问一句："你认为保险销售能在一年之内帮你达成这个目标？"

"只要我够努力，就一定能达成。"他坚信不疑。

"我们来看看，你要为自己的目标做出多大的努力。根据保险业提成比例：100万元的佣金大概要做300万元的业绩。一年：300万元业绩，一个月：25万元业绩，一天：8300元业绩。"老师说到这里，突然话锋一转："一天完成8300元业绩，大概要拜访多少客户？"

"大概要50个人。"

"一天要50人，一个月要1500人，那么一年呢？就需要拜访18000个客户。"

这时老师又问道："请问你现在有没有18000个A类客户？"

他摇摇头说："没有，我还在上学呢！"

"如果没有的话，就要靠陌生拜访。你觉得平均一个人要谈上多长时间呢？"

他说："至少20分钟。"

老师说："每个人要谈20分钟，一天要谈50个人，也就是说你每天要花16个多小时与客户交谈，这还不算休息、吃饭和赶路的时间，试问你能不能做到？"

当然不能。这不是因为我们不行，而是在此之前，我们的目标是虚空的，没有行之有效的计划与之相辅相成。

下面给大家提几点建议。

1. 把思维导图具体化

当你开始思考目标时，你的脑中可能会出现这样的画面：

等我有了钱，我要买一栋海景别墅，和心爱的人一起看云卷云舒，潮起潮落；

我要像比尔·盖茨那样无限风光；

…………

那么可以肯定，你的目标几乎没有实现的可能，因为它太抽象、太空泛，而且又极易摇摆。

目标最重要的是要具体可见，比如，你以什么为起点，要争取得到什么样的成绩，等等。而且你必须衡量，对于实现这个目标你有多大的把握，概率有没有达到半成？如果没有，请降低自己的期望值，等你有了实现的资本以后，再把它调高。

2. 把时间约定具体化

要实现目标，你需要与时间做一个约定，即在某个期限内把目标实现，你要设计好完成过程中的每一个步骤，而且这每一个步骤都要在约定的期限内完成。

3. 把目标行程具体化

也就是说，你必须明白，在实现目标的过程中要做好哪些准备。一般来说，目标的实现是一个复杂、长期的过程，在这个过程中你不可避免地会遭受一些痛苦和阻碍，这甚至会使你远离或脱离目标路线。所以，你必须对此有个基本的预判，然后加以分析，评估风险，并想办法将其解决掉。

天上的彩虹固然美丽，但行走在彩虹桥上，显然是不现实的。

40 岁了，制定目标不能再靠虚空想象，更不能好大喜功，不要把某种不切实际的欲望当成要付诸行动的目标。否则，往后余生，你依然徒劳无功。

逆风起兮云飞扬，
下半场，我们翻盘

:
.

楼下新开了一家小超市，有我喜欢的西瓜子，所以经常去那里买零食。

去了几次便发现，这家超市的小商品虽然琳琅满目，然而客流量却不尽如人意，这也正常，因为我们附近小区的入住率很低。

后来慢慢和老板熟悉起来，偶尔会聊几句，一来二去，我才发现他已经灰心丧气，随时准备关门大吉。

说实话，这是他的经营理念出了问题。

首先，没有做好市场分析，对消费者的定位存在问题。我们附近属于棚改安置区域，入住率低不说，而且以老年人居多，所以他的商品虽然应有尽有，种类繁多，但很多老年人对此并不感冒。

其次，区位定位有问题。他的店开在离小区最热闹的区域300米左右的地方，虽然不是很远，但人都是能少走一点就少走一点，尤其是在冬天。

而且在他周围几十米内，没有一家大流量店面，地理位置欠佳。

可想而知，他开店之初，大概只图租金便宜了。

我建议他尝试一下网络营销，通过网络平台拓宽销售渠道，比如建一些微信群，附近的人过来购买商品时，可以加个微信，把大家拉到一个群里，让大家有什么需要就在群里喊一声，必要的时候可以送货上门。

他眼睛一亮，说这个办法挺靠谱，可以试一试。

前几天我又去他店里买西瓜子，看他神采奕奕，便问他："是不是生意好起来了？"

他笑了，说："得亏你给出的主意，现在生意好了很多，而且与附近很多人都聊成了朋友，他们有需要，都会舍近求远到店里买。"

末了，他大手一挥："今天的西瓜子免费！"

这是我们生活中一个非常常见的场景，却足以提醒我们做事之前要做好调查与分析、定位与布局，运气往往是精心设计的附赠品，没有做好规划就盲目行动，结果往往一塌糊涂。

但其实我更想表达的是，无论你现在的处境有多么糟糕，都不要漫无边际地忍受，或者尝试改变又总是决定放弃。有时你只要稍微做出一点变化，就可以逆风翻盘。

毕竟你都跌入谷底了，往哪里走不是处于上升期呢？

人生到了40岁，谁没有一段不堪回首的过往？所谓优秀，哪一个不是由苦难累积起来的？白素贞脱胎换骨大有所成前，不也被狠狠地扒掉一层皮吗？

那些大器晚成的人，谁不曾被这个世界蹂躏过？

孔子说四十不惑，对于40岁的我们而言，这一路走来，不管成败得失，结局如何，都是一种收获。

区别是，有的人一直在舔着伤口过日子，吃十堑却始终无法长一智；有的人却能从伤口中抽出新芽，虽然疼痛难忍，但终究是慢慢绽放了。

人到四十，不要被颓唐的心态压制，人生哪有什么为时已晚，年龄不过是慵懒者的借口、胆怯者的理由，更何况，40岁才是人生正当年。

少年得志固然风光无限，大器晚成却另有一番韵味。美国节奏蓝调和灵魂音乐创作歌手路瑟·范德鲁斯直到30岁才发行第一张专辑《Never Too Late（永远都不晚）》，并在40岁以后，多数艺人即将隐退的年纪，进入巅峰。可是谁能否认他在音乐上取得的伟大成就？

从什么时候开始不重要，重要的是你要开始。

做任何事情，只要心中还有"开始永远不晚"这个念头在，只要肯去开始做，只要不放弃生活，只要你迈出开始的一步，然后走一步，如此周而复始，就会离心中的目标越来越近。

如果你愿意开始，人生最坏的结果，也不过是大器晚成。

PART 02

噢，不，你才油腻！
40岁可以光芒万丈

人生啊，

许多事既然已经无法改变，

那为什么不改变自己的看法呢？

优秀与否是一个综合考量，

看的不仅是身高、颜值，

还有性格、人品、才华、学识，

以及经营人生的能力。

形象不是指长相，
优秀可以碾压颜值

. . .

人，无论男女，不分年龄，长得好看，的确会在竞争中具备一定的优势。但颜值只是一块敲门砖，实力才决定一个人能够走多远。

因为你无论长得有多么帅气、多么漂亮，在 40 岁以后，终究抵不过似水流年。真正让别人认定你的，是你的能力、你的价值、你的内涵。

我身边有这样一位女性，柳叶弯眉樱桃嘴，肤白貌美大长腿，但一直孤芳自赏，难成佳偶。

她对人生的定位很高，对生活也有很高的要求——必须嫁给一个高富帅，过上精致奢华的生活，才配得上老天赐给自己的出众容颜。

美貌在她心里就是最大的资本，而对于她而言婚姻就是这辈子最大的投资，但即便美到让人冲动，她直到 30 岁，也没有遇到心目中的白马王子。

她觉得是因为自己太过高冷和矜持了，以至于蹉跎时日，久久无法引起白马王子们的注意。

女子懊悔不已，决定主动出击。

她通过网络平台高调发布了一则征婚启事，大体内容如下：

我相貌出众、身材出众、气质出众。有着甜美迷人的笑容，希望能与一位优秀男士共度此生。

我心目中的优秀男士应具备如下条件：资产在 1000 万元以上，身高在 1.85 米以上，没有不良嗜好，要温柔有风度，才貌双全有气度。

她原以为自己的征婚启事只要一贴出，那些高富帅一定会趋之若鹜。结果令人大跌眼镜，除了一些登徒浪子和纨绔子弟循迹而至，整整一个月，一个真正优秀的应征者也没有。

女子震惊了，她第一次怀疑起自己的相貌，同时也深度怀疑现代人的审美。

这件事过后不久，在一次朋友组织的聚会上，她认识了一位在大厂工作的职业经理人，两人顺理成章地成了朋友。

有一天，两个人一起吃饭，她便请他解惑："你说，我真的很难看吗？为什么我发布征婚启事，没有一位真正优秀的男士对我感兴趣？"

男子笑笑："想听真话还是假话？"

女子白了他一眼："这还用说吗？"

男子认真起来："这是正常现象。拿我自己来说，我可以告诉你，我也有几百万的身家，我身高 1.88 米，生活规律，兴趣健康，没有什么不良嗜好。可即便我离你的要求还差一点，就算当初我看到你这则征婚启事，同样不会有太大兴趣。"

"为什么？"女子不解。

"坦白说，你确实长得很漂亮，单从相貌上来说，每一个男人都会心动。但你把自己的相貌当成一种投资资本，这就错了。你想想那些优秀的成功男士，他们哪一个不懂投资？用投资的眼光来看，美貌只能锦上添花，它会随着时间的流逝而逐渐贬值。而且，他们没有见过美女吗？"

"所以那些真正优秀的男人，他们更在意的是女人能为自己带来多少价值。也就是说，你想俘获一位真正优秀的男士，首先你要让自己变得特别优秀，只有一个越来越优秀的女人，她在男人的眼里才是升值的，这样的女人可以将婚姻和生活经营得更加美满，也能够帮助男人走向更大的成功，她们才是男人们眼里的最佳伴侣。"

"听君一席话，胜读十年书！"女人恍然大悟。

生命的美满不能只靠颜值，关键在于你能够为这个社会、为别人提供多少价值。

你觉得短视频与直播是晒脸，事实上人家在晒脸的同时，也的确为观众们提供了某种价值，不管你认可与否，有价值才会有市场。不然，长得好看的人那么多，怎么不都去做自媒体呢？

事实上，做自媒体很难，颜值、口才、胆魄、心态、情商哪一样都不可或缺。

只是你出于"酸葡萄"心理，将他们的颜值优势无限放大，故意去忽略其能力而已。

当然，有时的确是"不管多优秀，也比不上一张好看的脸"，但这种情况绝对不是主流。

　　人的生存需求不外乎三点：生活、工作、情感。

　　如果人届不惑，你仍想着用脸去换工作和生活，被戳脊梁骨是一定的，情感生活光靠颜值也未必就会幸福。因此说到底，40岁的男女，仍有颜值可以凭借固然是好，但最重要的，还是要不断提升自己。

　　当然，如果颜值与优秀可兼得，那就更好了。

穿得合适，
比穿得奢侈更重要

．
．
．

你穿成什么样，决定别人对你的第一印象。

艰苦朴素值得提倡，但朴素的前提是干净整洁。

自由不羁也没有错，但那并不等于不修边幅。

古人云"佛靠金装，人靠衣装"，这是经验之谈，是客观而真实的，如果你觉得人到四十，有家有子，无须在意形象，那就大错特错了。

朋友老刘一直中意妆容得体、衣着考究的女人，刘嫂当年也的确如此，这是最吸引老刘的地方。

然而35岁以后，刘嫂变得越来越简朴，老刘见状不免有点怅然若失。

一次，老刘有点不满地对刘嫂说："男人都喜欢漂亮女人，你这样下去，不担心我会见异思迁吗？"

刘嫂冷哼一声："你敢！"

刘嫂始终认为，老刘年轻时家里很穷，自己当初不顾父母反对，"下嫁"给他，和他同甘共苦这么多年，这份"恩情"老刘是不会辜负的，正所谓糟糠之妻不下堂。

对此，老刘也只能无奈地叹了口气。

当然，不仅是女人，男人不爱美，同样很危险。

我有一哥们儿，是某大厂的系统工程师，年薪30多万。

可三十大几了，却依然单着。

他不是不想交女朋友，而且最热衷的活动就是相亲。

可问题是，他太不在意形象，整天邋里邋遢的，衣服翻来覆去也就那几件，夏天宽松大体恤，下穿肥大五分裤，冬天就改成宽松大长裤，T恤外面套个飞毛羽绒服。而且，都是深色系的，就是为了少洗。

就这形象，连男同事们都嗤之以鼻，不愿意与他协同工作，女同事们更是避之千里。

据说有一次团建，部门领导善意提醒他注意一下形象，毕竟部门也是要面子的，而且此举有利于部门内部团结合作。没想到这家伙还振振有词："老大，我相信您看中的是我的能力，他们这样以貌取人，我不屑与他们为伍！"

人类社会从衣不蔽体发展至今，着装已经成了一门礼仪与学问，在人的社交、面试、工作、情感、事业等方面有着举足轻重的作用。

所以，着装从来不是一件小事情。

当然，考究不等于奢侈，着装的基本要求是有自己的风格，而且得体合适，不能把阿玛尼穿出工作服的既视感。

当然，工作服也是美的，但要符合气氛与环境。

这就是我们接下来要说的，着装的第一个原则——要与环境相符合。

着装体现风格，但风格不是我想怎样就怎样。有时你着装有问题，不是衣服本身有问题，而是你没有注意着装的忌讳。

比如，与环境格格不入的着装会被视为叛逆或哗众取宠。

某小姐姐30多岁，依旧年轻貌美，在一家公司做行政经理，一直以来，表现可圈可点。

可是自从她离婚后结识了某位嘻哈歌手以后，她整个人的气质就变了。为了讨小男友欢心，也为了下班以后和小男友约会时不必回家换衣服，她放弃了职业装扮，改走潮流路线。但这与职业要求大相径庭，甚至有客户打趣问："你们的行政经理还兼任KTV领班？"

她多年积攒的职业优势，就这样随着职业形象的颠覆一起消失了。

公然违背约定俗成的着装规则，会被权威视为挑战，无论男女，务必注意这一点，我们的着装应该向别人传达这样的信息——虽然我有独特的判断力和高雅的品味，有别具一格的着装风格，但我仍然属于这里（环境）。

第二个原则是，我们的着装要与年龄相匹配。

曾在街上见过一个30多岁的小姐姐，穿着嫩粉色的裙子、嫩粉色的袜子、嫩粉色的鞋子，背着嫩粉色的挎包，还戴了一块嫩粉色的手表。

这样的装束不能说不可爱、不好看，但对年龄要求比较高，十三四岁的女孩子这样穿，多数人会给点个赞，三四十岁的女子这样穿，评论区估计会议论声一片。

同样，25 岁以下的男孩子着装可以主打一个青春任性，35 岁以上的男子要是嘻哈 T 恤、肥腿裤，至少在我们这个国度，看上去是有些不伦不类的。

对于 40 岁的中年男女，着装的主题应该是典雅、庄重、大气、上档次。

下面我们来说说上档次，上档次不是说我们一定要穿品牌服装，但也一定不能廉价。

想想你在某平台上花九块九买一身衣服，穿着去参加商务活动，你的合作伙伴会如何看你？

哪怕你只是穿着它走在大街上，不管你有多么优秀，别人的第一印象也是这个人糟糕透顶。

在着装方面，品牌不是唯一参考项，但选料一定要精心，安全、卫生的布料穿在身上会让你倍感舒适，垂感较好的材质可以衬托你的身材，但九块九包邮的衣服显然达不到这些效果，它只会让你看起来更像个失败者。

总之，无论你的着装追求哪种格调，你多么有个性，有两点你都必须注意：自己穿着舒服，让别人看着也顺眼。

时尚，
就是让普通的日常变得不平常

：
·

《新华字典》里对时尚的解释：当时的风尚，一时的习尚。

简单来说，时尚不是物质的标签，更不是商品的堆砌，它是一种生活方式，一种积极向往美好生活的态度。

刘玫是个普通的小职员，婚后生活十几年如一日，简单而平淡。她有一个"奢侈"但很美好的愿望：如果将来我有了钱……

同事们都以为她接下来会说买车、买房、买高档服装，她却说："我就每天买一束鲜花回家。"

大家笑着问她："那么，你现在买不起吗？"

"买倒是买得起，可是以我目前的收入来说，每天都买，就太奢侈了，一个月午餐钱就没了。"她笑着回答。

这天回家，刘玫在街角看到一位卖花的阿姨，一旁的塑料桶里放着好几盆含苞待放的姬月季，不由得停下了脚步。

这花大概率是批发来的，卖相虽然不是很好，但胜在便宜，门市店里精剪出来的一盆要二十几元，但阿姨这里只卖10元。刘玫毫不犹豫地抱了一盆。

一回家，刘玫便兴冲冲地叫孩子来看花，又小心翼翼地对花进行了一番修剪。

在她的精心呵护下，没过几天，这花便开了。每次浇水的时候，她都会在水中放一粒维C，据说这样可以使花期更长一些，结果这花开了整整一个月！

她和孩子每天都会跑到阳台赏花，这盆10元钱的地摊花，给这个家庭增添了无数的快乐。

再看郭静，她年过四十依然身材曼妙，供职于一家国企，工作不累但枯燥乏味，收入也不是很高。

办公室里的小姐妹经常感叹说："郭姐要是穿得起高档品牌，一定能把那些网红模特比下去。"

每每此时，郭静都微微一笑，不置可否。

这一天，郭静帮母亲清理衣柜，一卷放了很久但依然崭新的绸缎引起了她的注意。她眯着眼睛想了想，这好像是大姐结婚时的陪嫁品，大姐嫌土没要，就被母亲压箱底了。

这么好看的布料，就这么放着实在可惜了。郭静以前学过裁剪，她跟母亲要来布料，回到家中，手起刀落，没过几天，一件中式旗袍就做成了。

当郭静穿着这件纯手工旗袍上班时，一下子惊呆了所有同事，小姐妹们纷纷找她要绸缎店的链接。

从此，郭静的"中式情结"一发不可收：她买来毛呢料做了一款怀旧风的立领带盘扣长风衣，又买了一块缎子面料给自己做了一件典雅大方的披肩……

其实，每个不惑之年的人都可以成为时尚宠儿，毕竟人都怀有一颗向往美好的心，而自己也不过才40岁而已，赚得不多而已，生活琐碎而已……

时尚无非就是在阡陌红尘之中，耐得住平凡，看得开人生，不流于俗气，不放任自流，始终保持一种积极的生活态度，有着对雅致的追求。

时尚就是每天重塑自我的一种方式。它不依托于奢侈，而是在寻常得不能再寻常的生活中，体现出自己的品位来。

它不是与他人比较得出的结论，而是根据自身标准来定义的幸福，是基于现实条件提升生活质量的人生理念，它展现出来的方式林林总总，可以是研究艺术，可以是阅读，也可以是每天为自己更新一个小食谱。

它需要你不停地学习，它满载创意和乐趣。

40岁而已，正是追求时尚的好年纪。

如果你个子矮，
就让自己站高点

:
.

上学的时候从来不敢跟人吵架，因为怕被别人拎起来打；

当时最不喜欢听的一句话就是：请同学们按照大小个自觉站成一排；

那时节，除了考试不能排第一，参加什么活动都站第一排；

每次身高被量矮 1 厘米，都会特别纠结、特别委屈；

每次出远门，都不敢带太多行李，因为怕不能把拉杆箱举到行李架上；

求职的时候，对很多岗位望而却步，因为身高都要求 165 厘米以上；

曾有一个人说，你要是再高 10 厘米，我就答应你了；

结婚以后，最担心的就是孩子将来像自己一样矮；

…………

个子矮的男男女女，都曾因此自卑，如果颜值还不高，那就更郁闷了。

许多人年届不惑，看开了、放下了，生活也因此变得平静而快乐，但不可否认，仍有人耿耿于怀。但其实，个子矮只是身高低于一个客观的平均值而已，它可能会给你的生活带来不便，但并不影响你发挥自己的才干。

我身边就有一些个子不高的男人，但他们不卑不亢，因为他们真的很有才华。

郭子是湖北人，貌不惊人，身材比我还要矮一寸，现在在北京一家文化传媒公司做副总编辑，购了车，买了房，娶了个美娇娘，属于北漂中混得好一些的那种。

十几年前我认识郭子的时候，他还是这家公司的一个小主管，负责稿件的审阅和外派工作，有时时间允许，他也会揽下一些准备外发的选题自己编写，用他的话说就是"趁年轻，多攒点老婆本"。

和他结识，也是因为我做兼职攒老婆本。可能因为工作质量尚可，郭子那时没少给我派活，一来二去也就熟悉了。后来郭子升职了，我工作一忙兼职也接得少了，但和他一直保持联系。大家都不忙的时候，也会出来坐坐，喝点小酒，聊聊工作，谈谈生活。

郭子说，他是村子里男孩中最矮的那个，从小就"鸡立鹤群"，受尽高壮孩子的嘲笑与欺凌。慢慢地，他变得沉默寡言，开始与书为伴，慢慢喜欢上一种叫"哲学"的东西，读到"人的外貌其实就是广告"时，还在上初中的他就在心中暗暗发誓："我要靠内在取胜！"

郭子说他上学时非常努力，基本没有玩耍的时间，后来皇天不负有心人，他成为村子里走出去的第一个名牌大学生，但父老乡亲还是不看好他，说这娃学习再好，娶媳妇也困难。

郭子说，他很早就学会了漠视别人的嘲讽，也不会和他们计较，孔大圣人都曾有过"以貌取人，失之子羽"的错误，何况这些凡夫俗子呢？但他一直憋着一口气，一直努力，以求早日为自己"平反"。

郭子毕业来到北京，第一次面试时，他拿出自己大学时发表和获过奖的文章给那家小公司的女老板看。对方指着一份报纸上署有郭子名字的文章问郭子："这是你写的？"

郭子说："是。"

"没想到你也能发表文章。"说这话时女老板一脸的不屑与问号。

郭子说，他当时完全可以体会钟馗当初的感觉，当然他不会以死明志，尽管他差点就蹿了起来：巴尔扎克、济慈、鲁迅身高还不到一米六呢，不照样形象高大吗？长长竹竿晾衣裳，短短笔杆才写文章呢！

但他最终还是忍住了，他知道，任何引经据典的据理力争都是幼稚的，只有实实在在的成绩才是最有力的反驳。他拿起自己的简历和文章很绅士地道别、转身，心里却有一种"仰天大笑出门去"的感觉。

或许正是这次锥心的轻视，个子矮，竟然不再是郭子心中那抹不掉的痛了。

郭子说，在这之前，自己的生命是超载的，虽然口口声声说"浓缩的都是精品"，但心里对自己的身高其实很介意，于是"走路爱往高处蹿"，以这种虚张声势的坚强去捍卫自己那虚弱敏感的自尊。但打这事以后，他醍醐灌顶：高矮不由人，成败自己定，歪瓜裂枣只有更香更甜，才能弥补外形上的缺憾。

后来，郭子来到了现在这家公司，在这家人才济济的大公司里，他付出十二分努力来证明自己是很有"内秀"的，成为公司个头最矮却进步最快的员工，参与、领导编写了好几本畅销书，一时风头无两，成了公司的当红小生。

郭子媳妇以前是做排版的，两人在业务中结识，后来陷入热恋，再后来就顺理成章地结了婚。我曾开玩笑地问郭子："嫂子那么美，当初是怎么被你骗到手的？"

郭子一本正经地说道："她说我不起眼的外表下藏着一颗细腻且丰富、敏感又强悍的心，有一种浑然天成、不易察觉的魅力。"

波斯诗人萨迪有句诗很适合和我一样身材不够修长的朋友：

"你虽然轻视我的矮小，不要以为高大才是勇士。假如冲锋陷阵的时刻到来，瘦马远比肥牛更有价值！"

许多事既然已经无法改变，那为什么不改变自己的看法呢？优秀与否是一个综合考量，看的不仅是身高、颜值，还有性格、人品、才华、学识，以及经营人生的能力。

我们应该学会扬长避短，发挥自己独特的才华与魅力，去为自己创造赢得欣赏的契机，请记住，只有你的付出才能决定你最终的人生价值。

假如不好看，就让自己活得有特色

英国心理学家约翰·穆勒发现，在他的国度，如果犯罪嫌疑人长得好看，连陪审团对他说话都很温柔。

我们不得不承认，高颜值的人的确自带光环，让人本能地会多看一眼，甚至只要不是太过分，在某种程度上多数人都可以容忍他的缺点。

因此有的人会因颜值低而自卑。

然而我一个哥们儿却对此毫不在意，酒过三巡还经常拿自己的相貌和大家逗闷子，引得大伙哈哈大笑。

他说："因为丑，从小我就受人歧视，连我妈都不待见我，领我出门她都嫌我砢碜。"

上了学以后，他更加深刻地体会到了丑给自己带来的辛酸。

同样是考试不及格，他们漂亮的班主任在批评他后桌那个长相酷帅的小子时，语重心长："××，你这次成绩怎么这么差呀？你再不好好学习老师就不喜欢你了！记住老师的话，光长得好看是没有用的。"

但一转向他，她就突然变得痛心疾首："你呀你，你可长点心吧！你要是再不好好学习，长大讨个媳妇都不容易！"

上初中那会儿，一次晚自习，大家在班长的倡导下选班花班草，那个酷帅的小子自然又是赢家。

选完以后，他们还觉得无聊，又开始选班上最丑的人。他赶紧假装睡觉，后来，就真的睡着了……等他醒来的时候，自习课已经结束，教室里空荡荡的，只有两个同学在打扫卫生。他迷迷糊糊地望向黑板，一下子就看到了自己的名字，下面写满了"正"字。

那个盛夏的夜晚格外凉，他坐在座位上，默不作声地抠着手指，感到世界是冰冷的。

高中开学第二天，班上搞了个主题班会，班草爆料他会跳舞，在众人的要求下他只得登台献丑。晚上在食堂吃饭，邻座有几个隔壁班女生在那叽叽喳喳，说着说着，就说到了他们班开班会的事，说有个男生跳迈克尔·杰克逊的舞跳得不错，可就是人长得不敢恭维。

一片嗤笑声过后，有个女汉子凑过来问他："你认不认识他？"

他断然摇头。

可口的饭菜突然变得难以下咽，那一晚，他彻夜未眠。

第二天，他被那个女汉子堵在了操场上，他有点蒙圈："怎么的，长得丑还必须挨顿揍吗？"

她说："对不起，我不知道她们说的那个跳舞的人就是你，其实你并不太丑。"

那一刻，他觉得她是风一样的女子，可以让世界一瞬间冰天雪地，也可以让世界顷刻间春暖花开。

上大学以后，别人都在谈恋爱，而他在学习；学会上网以后，他一直不敢用自己的真实相片做头像。当他听说同系那个身高 152 厘米、体重 125 斤的学妹对他有好感时，第一反应是打死也不信。直到他吃力地把她背上位于 11 楼的新房以后，他才相信这一切并非幻觉。

现在，她减肥成功，俨然变成小家碧玉，于是她的同事见过他以后都问她："你老公很有钱吧？嫁了个有钱的老公你为啥还出来工作呢？"听她转述后，他竟无言以对。

"关于相貌，唯一令我欣慰的是，它为交友提供了便利。不管跟什么样的异性交往，大家都很放心。"

他说完哈哈大笑。

不可否认，相貌丑陋容易招致歧视，就连孔子也说："吾以言取人，失之宰予，以貌取人，失之子羽。"

但如果说长得不好看能毁掉一辈子，就太夸大了。

对于有深度的人来说，丑，从来不是件丢人的事，丢人的是，长得不好看，活得还砢碜。

说到底，丑只是一种属性，影响人生，但不决定人生。

吕燕长相很出位，个子很高挑，从小就是众矢之的，因而养成了低头含胸佝偻着腰走路的毛病。上中专以后，她专门找了家模特培训公司练习步伐，纠正走路姿态。当她能够抬头挺胸自信满满地走路时，机会也就随之而来了。

一位经纪人将她带到北京发展，在那里，她被著名形象设计人李东田和冯海发现，二人联手为她拍了一组很有特点的照片。其中一张给人的印象非常深：她满脸雀斑，手拿一大把笔和刷子，咧开嘴大笑。这张照片被做成大广告悬挂在熙熙攘攘的王府井大街上，一位朋友路过看到，还问我："这是治雀斑的广告吗？"

就是这张照片，令吕燕受到很多人的关注，她开始步入时尚圈。不过这时的吕燕虽然小有名气，却一直不温不火。说句比较鸡汤的话：老天总是眷顾那些努力生活的人。因相貌遭遇发展瓶颈的吕燕被一个没有相貌歧视的外国人发现，得到了一个去法国发展的机会，吕燕毫不犹豫地就抓住了，用她的话说，那些在国内已经取得成绩的名模可能会对此犹犹豫豫、患得患失，可她不一样。"我什么都没有，失败了就失败了，但说不定就成功了呢？"

结果这一去她真的成功了。

这里面可能有一点运气成分，但最重要的还是个人的努力。一次，法国各大时尚媒体记者和吕燕等模特一起去故宫拍摄照片。为了拍摄出更加优雅精美的作品，记者们希望模特能够身着裙装，但模特们怕冷，很多人都不愿意，吕燕却积极地配合摄影师。

你看，长得不好看，不一样有出头之日吗？

时至今日，仍有好事的人会问吕燕关于美与丑的问题，她很淡然："我就是长得并不是大家说的漂亮的那一种，但我自己真的从来没觉得我自己长得丑，我只是觉得自己长得比较特别而已。"

更有人很直白地问她："大家都说你长得丑，你烦恼么？会难过吗？"

　　她也不在乎："我身边的朋友不会对我说这样的话，我听不到，只是在媒体上看到，那关我什么事呢？我又不靠他们吃饭！"

　　现在的吕燕，事业、家庭双丰收，老公是位法国人（投资顾问），儿子聪明可爱，她还当了老板，创立了自己的服装品牌。

　　可见，长得不好看不要紧，只要你愿意让自己活得有特色，生活就是漂亮的。

将气场拉满，
让形象光彩照人

:
:

    如果你穿得邋里邋遢，然后大摇大摆地去见客户，一般情况下，你不是吃闭门羹，就是碰软钉子。

    这就是形象效应，人们对不注重形象的人总是不太友好，因为第一印象会告诉他们：这个人连自己的形象都设计不好，他做事肯定不太靠谱！

    人们常用三个词汇描述成功者——性格、能力、形象。这是因为，根据刻板印象，人们早已在潜意识中为成功者做好定义，你背离这个定义，就不会得到别人的信任。

    雅诗兰黛公司创始人艾斯蒂·劳达身家高达数十亿美元。她气质高贵，谈吐优雅，在闪光灯下散发着让人无法阻挡的魅力。

    你可能会说，如果我像她那么有钱，我也可以把自己装点得光芒四射。

    然而你想错了，她不是因为有钱才有光，而是因为有光才有钱。

劳达没上过大学，起点也很低，在36岁之前，主要给那个会研制化妆品的叔叔打工，做推销员，业绩也不怎么突出，靠着微薄的薪资勉强度日。

劳达36岁那年，她的叔叔研制了一款档次较高的化妆品，她负责向上流社会推销，然而贵妇们甚至连试用都不肯，劳达一次又一次被拒绝，她很苦恼，也很想知道其中的缘由。

在又一次被拒绝以后，劳达终于鼓足勇气，谦逊地咨询道："您好，可不可以再耽误您一点点时间，因为我真的很想知道，为什么您连试用都不肯，就直接拒绝我们的产品呢？是我的销售技术很糟糕吗？"

"呵，"对方直言不讳，"女士，看你这一身装扮，给我的感觉就是档次很低，所以我对你的产品真的不抱任何期待。"

这话说得未免有些尖酸，侮辱性极强，伤害性也极大，但这是实话。劳达知道，自己找到了多年以来一直不温不火的根源——你的档次，决定你能与什么样的人谈事业。

她摸了摸口袋，一狠心，对自己进行了一次大整改。

她没有去整容，而是以上流社会女性为基准，改善自己的言谈举止以及穿衣打扮。当然，她也知道让人优雅的不只是外表，而是内涵。

后来，当她像个贵妇一样，去向那些贵妇推销化妆品时，事情的确容易多了。

有道是"先敬罗衣后敬人，先敬皮囊再敬魂"，听着好像有点问题，但这就是社会的真实写照。

无论是社交还是工作，不管是合作还是谈判，要想快速赢得别人的好感与尊重，好形象不可或缺。不要奢谈你要用内在的魅力去征服别人，别人只有审核通过你的外在，才有心情去了解你的内在。从古至今，大抵如此。

人到四十，很多男士、女士开始不修边幅，不注重身材管理，这其实反映的是一个人对待生活的态度，对待自己的生活都如此不严谨，那么对待工作、对待合作、对待交往呢？

毕竟，管理形象是对自我的尊重，也是对别人的敬重。

你只有提升了自己的形象，别人才愿意给你机会，这是一种可以持续的、有"前途"的影响力。

对于40岁的中年男女来说，我们应该给别人这样的感觉：你若认识昨天的我，那么今天你一定会说，我与昨天简直判若两人。因为今天的我，从内到外都经过了精心的设计和塑造。

事实上，即便你现在仍在低谷，但你可以先将自己打扮成理想中的样子，直到自己成为那个样子。这更有助于你推开事业的大门，让你在芸芸众生中脱颖而出。

想一想，单位人事调动时，倘若你看上去更像个经理，结果会怎么样呢？

商务合作中，倘若你看上去更像个成功的商人，洽谈的机会是不是就多了一些呢？

将自己的气场拉满，让形象变得光彩照人，这是40岁中年人的人生必修课。

摆脱困局的极简自律，
莫让 40 岁奔跑在舒适区

无论你想成为什么样的人，

你都必须明白付出的代价和成功之间的关系，

这是我们所要认识的，

也是必须经历的，

这样才能修得正果，

把握成功。

躺平：
得过且过的荒谬思维

:
.

"这些年苦心奋斗，真是有些太累，很想就地躺平。"

"忙忙叨叨地上班，每天两点一线，早上一睁眼就要去上班，眼一闭一天就过去了。"

这种抱怨声，似乎成了 40 岁这个群体共同的心声。

为人争强好胜，在职场终于打拼成精英的程欣产假过后，却像变了一个人似的，每天晚来早走，与同事的话题也从精进事业变成了相夫教子。之前那个让人感到恐怖的"拼命三娘"，完全没了踪影。

"都快 40 岁了，兼顾好事业和家庭，把孩子培养好，把家人照顾好是最为重要的，事业上的事得过且过吧。"

这是她新的人生感言。

然而，事业一落千丈的她，让人看不到她的价值，最终被公司辞退。

而像她这样的职场人，比比皆是。

　　老徐是一个爱岗敬业的人，为了工作，他每天起早贪黑，几乎把休息时间全都变成了提升能力的"战场"。

　　一分付出，一分收获。2年后，老徐被提拔为经理助理；6年后，他直接取代经理，成为公司最年轻且最有潜力的高级管理人员，这让许多人羡慕不已。

　　升职了，薪酬自然大幅提升，公司还为老徐配备了汽车、公寓住宅，其他待遇自然也水涨船高。

　　有了更好的待遇，按理说应该更加卖力，可不知什么原因，老徐的工作状态却大不如从前。他开始迟到早退，也时常因为私事请假，常常把自己份内的工作甩给助理。

　　面对身边亲友的好意提醒，他说："我熬到了现在的位置也算可以了，再折腾也不可能继续升职，为什么不让自己更轻松一些呢？"

　　因为没有了以往的工作热情，当上经理以后，老徐的工作业绩一落千丈，全靠吃老客户的红利勉强支撑，而公司新入职的年轻人，却一个比一个敬业。

　　他身边的朋友又提醒他："应该在工作上再努努力了。"

　　而这时，他依旧不为所动："我是公司的功勋老臣，老板不会拿我开刀的。"

　　的确，公司有很多业务都仰仗他，但老徐令人发指的工作态度，还是让老板动了换人的念头。

　　老徐就这样被辞退了。

　　很多人随着年龄的增长，想法越来越多，惰性也越来越大，很多事情，即便自己不认同，也情愿默不作声；在一些事情上，即使自己很认同，也不会全力以赴。

很多人到了 40 岁，激情便不再饱满，没有了敏感的神经，没有了做事的冲劲，没有了高标准的追求，没有了快速的反应，不愿意接受新鲜事物，把别人的意见当作耳旁风，更看不到潜藏的危机。

这是生命的一种病态，也是人生的一种悲哀。

不思进取者，最终只会被取代。

不可否认，当下，人们的传统认知在改变，高质量和高品位的生活追求带来的压力，人际交往的疏远……一切改变，让人们颇感无奈，一些人到了 40 岁，依然与梦想远远相望，因此倦了、累了，躺平的情绪逐渐在心中蔓延。

可是，才 40 岁而已，人生完全可以重新焕发新生！

就像娃哈哈创始人宗庆后所言："人活着，必须干一番事业，不能碌碌无为过完此生。"

瓶颈的本质，
是思维与习惯的固化

:
.

很多人到了 40 岁，就发现自己的生活和事业都突然陷入停滞状态，上不去，下不来，自己很迷茫，貌似别人也帮不上什么忙。

这就是我们常说的瓶颈期。

从个人主观意愿上说，谁都不想出现瓶颈期，谁都想顺风顺水一路绿灯高速发展。

但从事物的发展规律来看，瓶颈期不可避免，因为成长具有阶段性，它必然要经历慢速发展期—瓶颈期—快速发展期这样一个过程。那么，你进入了瓶颈期，意味着什么呢？

有两种可能：一种可能是你的能力确实有限，40 岁就到了极限，刚一发展就碰到了天花板，这的确让人有些沮丧；另一种可能是你发展得比别人快，你遥遥领先，所以更早遭遇了瓶颈，这也意味着，你可以先人一步去突破瓶颈，也有机会更快地进入下一阶段——快速发展期。

但不管是哪种情况，接下来，你都必须努力突破瓶颈，因为瓶颈虽然不是死路，但在瓶口待久了，容易走入死路。

突破瓶颈，其实也并不是什么难事，关键在于，如何通过学习找到破解的方法，迅速摆脱思维的束缚。

事实上，使我们遭遇瓶颈的往往不是能力，而是固化的思维。

而突破瓶颈，从本质上来说，就是突破常规思维的限定。

举个例子。

笔者在自媒体上从事写作。一开始，笔者习惯性地以增长模式操作，即在稿件写出来以后，第一时间发到各种群里，吸引大家阅读、转发，这样，笔者就能够获得一些关注。

但这种操作的关注度有限，笔者很快遭遇了瓶颈——群友们看腻了，没了热情，不再转发。

要突破这个瓶颈，就要放弃之前的操作，转换思路，从读者的角度去研究文章应该怎么写，从文章标题到内容提炼都要做到标新立异，在排版上动心思，迎合大家的喜好，甚至要研究读者心理学、受众管理等比较专业的内容。

在此之前，笔者没有想这么多，这些认识，都是在遭遇瓶颈后才打开的。

换言之，当一个人在事业的发展上遭遇瓶颈时，想要快速打通障碍，最要紧的是转换思路，找准方向，抓紧学习，以更深透的理解，探寻解决方案。

这个过程大致如下。

初期，凭着新鲜感突飞猛进，但这样会很快地把个人积累的优势消耗完，让自己的发展进入瓶颈期——所以这一时期的努力只是简单的时间上的投入。

中期，你可以根据行业的性质，寻找自己的短板，系统地学习，最终探寻到独属于自己的解决方案，所以，你要提高学习效率，它决定着你的出路。

其中最重要的一点，就是不要随意给自己设限。

40 岁以后，如果还在自己设定的规则里坚守不出，你就只能待在那个困住你的瓶子里，再也冲不出瓶颈。

经验不靠谱，
靠谱的是规划与实践

:

.

　　一艘海轮在远航时触礁沉没在汪洋大海中，11 名船员被冲到了一座孤岛上，幸运地活了下来。

　　可是，这座荒芜的小岛上没有可以充饥的东西，更可怕的是，也没有可以饮用的水源。

　　尽管大海近在咫尺，但是海水又苦又咸，根本不能饮用。他们唯一活下来的希望，就是有雨水到来或是其他过往船只为他们提供帮助。

　　可是，几天过去了，小岛没有迎来雨水，也没有船只从此路过，10 名船员相继渴死在小岛上。

　　剩下的那名船员再也忍受不住这种折磨，纵身跳进大海之中，想要一死了之。

　　海水灌了他一肚子，可是他却一点也没有感觉到苦涩，甚至感觉甜甜的……

他以为自己出现了幻觉，便躺在海岛上等待着死神将自己带走，谁知一觉醒来，他发现自己居然还活着，这让他很惊奇，也很不解。

就这样，他每天靠喝海水度日，终于等到了途经于此的船只，并得到了救助。

事后，人们在化验他所饮用的海水时发现，由于有地下泉水在海岛边翻涌，他实际上喝的是海边的泉水。

人们习惯用常识性的眼光看问题，也因此往往会形成固化思维。

故事中，船员们想当然地认为"所有海水都是咸的"，直到饥渴而死，也没有去尝试，如果最后的那名船员不是误打误撞地喝了几口海水，那么他也没有生还的可能。

很多时候，人们往往更相信自己的直觉，从而误导了自己的分析和思考。因为人的大脑总是懒惰的，个人直觉的来源其实就是我们记忆中的那些熟悉或者是自认为简单的内容，这时，我们的大脑就会处于认知的松弛状态，我们也顺水推舟地相信潜意识认知的这一事实。

所以，我们想精准思考，一定要在思考前避免先入为主。

多年前，我的朋友老陈的爱人在单位的一次人事优化中被精减下来，他便琢磨给爱人再找一份工作。

他的同事对他说："陈哥，我可以给你一个建议，让嫂子开家音像店，就是那种既往外卖又出租的音像店，经营成本不高，利润还挺可观的。"

老陈想了想，认为这个主意挺好。一天，他外出办事，路过一所大学时，发现校园周边很繁华，小吃部、商超、玩具店等一应俱全，而过往于此的大学生更是熙熙攘攘，店铺内的商家们忙得不亦乐乎。

他下意识地想到朋友的建议，认定这里是个开音像店的好地方，而且这周边没有一家音像店。

于是，老陈便托人在这所大学商业街附近租了个店面，在一番忙活之后，很快就把音像店开了起来。

然而，想象中的财源广进的情景并没有到来，他家的生意非常冷清，有时甚至一连几天都没有生意。

原来，附近的大学宿舍并没有配备电视，且学生们日常都是用网络看电影、听音乐，导致音像制品在这里没有市场，所以老陈的店铺只开了几个月后，就不得不关门大吉了。

老陈在选店面时，主观上认为学生多的地方，就不愁客源，结果一败涂地，这就是主观臆断造成的后果。

一件事可以有多个因素，这些因素都影响着事物的发展变化，这里有必然，也有偶然。

所以，避免主观意识把我们带入误区这一点很重要。这里笔者给大家提几点建议。

1. 虚心学习

对人对事都要有虔诚的态度，勤于学习，不耻下问。

2. 勤于思考

要善于站在更高的位置看问题，不断把位置提升，这样就可以把握全局，体会到大我与小我间的关系。

3. 转换视角

事物间既有相同处，也有不同点，就看我们是否可以找到正确的认知角度。

4. 更换环境

环境对人的影响和改变是很大的，每个人，都会主动选择最有利于实现自己目标的环境，变不利为有利。

5. 激发脑力

尽可能通过思考，在一大堆办法中进行筛选，然后进行综合评定，找出适宜解决问题的方式方法。

6. 进退相宜

适当地以退为进，先将自己抽离开，让脑子休息一下，再寻找解决问题的方法，很多时候也会收到更佳的效果。

总之，我们想要有所作为，就要灵活采用相应的方式方法，来保证实现我们的目标。

40岁
是新的20岁

别轻易放过自己，
自律才是内卷的根本优势

. . .
.

最近，有这样一个问题刷爆平台——"你最深刻的错误认识是什么？"

问题一经发布，便吸引了众多网友前来跟帖。获得点赞数最多的回帖："以为自由就是想做什么就做什么，后来才发现自律者才会有自由。"

一个人越成熟就越会警觉：自身的不自律，会把生活刺得干疮百孔。

泰戈尔说："我们要进行严厉的自我克制，因为克制本身就可以作为一种精神寄托。"

人是有智慧的高级动物，但也有自身的惰性和潜力，如果没有压力，他就会很自然地变得懒惰，做事不加思考，不思进取，沦为平庸之辈。而人在有了压力之后，反而会激发出潜能，朝着自己的目标努力，成就一番事业。

　　所以说，在40岁以后想要更进一步，做到自律很关键，你甚至需要强迫自己每天去做一些事情，以此来磨砺自己、调控自己。

　　换言之，就是要强制自己进入预想中的状态，将其变成习惯，主导你的日常行为。

　　学舞蹈的都知道，从第一天练习到最终成为一名优秀的舞者，每一个环节都需要人在痛苦的练习中不断坚持、坚持、再坚持，不能有丝毫松懈，否则将前功尽弃。

　　这种强迫不同于我们在其他方面的努力，它是一个严格要求自己并持续发力的过程，而这个过程显然不是一件轻松的事情。

　　知名主持人鲁豫曾在大学做演讲时说，自己采访过很多嘉宾，他们的成功可用几个关键词来概括，而第一个词就是"坚持"。

　　此前，她去上海采访几位刚刚获得电竞冠军的选手，他们都说："在事业起步的最开始，压力非常大，无论是同学、朋友，还是老师、家长，都不理解，不看好我们的选择，但我们仍在质疑的目光中坚持训练，因此才走到了现在。"

　　可能没有人知道，无论多么热爱一项运动，每天十几个小时的训练都是枯燥、辛苦的，这时就要有一个追求目标的念头——在时间中持之以恒，以此成就自己。

　　有人说："生活是苦辣酸甜的交响曲，逼出来的才是逆境中前行的奋进之歌。"

　　生活对于每个人来说都不容易，你要在生活中强迫自己承受苦与甜、乐与悲，这也是你发现生活意义的艰辛历程。

40岁远没有到躺平的时候，你需要强迫自己在正确的方向上继续负重前行。

所谓正确的方向，就是能够提高你的竞争力，并能给你带来回报的目标，它能激发你坚定前进的决心。

以每日的晨起为例，很多人都希望自己能够早起，但往往都坚持不下去，早起一两次就放弃了。

说实话，早起并非人人都适合，也不是人人都能够做到的。

这件事情，主要还是看自己的决心和毅力。

笔者多年以来一直保持着早起的习惯，不是自己不想睡懒觉，而是为了给孩子做早饭，每天雷打不动，六点起床。

有时工作太晚，怕醒不来起不了，就设置三个闹铃，隔10分钟响一次。

就这样10余年如一日，如今孩子外出上学，自己在家想赖床却办不到了。

事实上，有些事情你看着很难，但有决心对自己狠一点，实践起来其实也挺简单。

不信你也可以尝试一下，把手机闹钟定好时间，并且放到离床头稍远的地方，这样闹铃一响，你就没有办法顺手把它关掉，你不起床它就一直响。

你起床关闭闹钟，喝点水，再去趟卫生间，这样，你基本上就可以清醒下来，起床做你想做的事情了。

世上无难事，只怕自己懒。

40岁就裹足不前，说实话，是你对自己太宽松了。

　　人生什么阶段做梦都不晚，正如余华所写："梦想是每个人与生俱有的财富，也是每个人最后的希望。即便什么都没有了，只要还有梦想，就能够卷土重来。"

　　你应该多尝试一些自己不喜欢却应该做的事情，你或许会得到以前自己想都不敢想的收获。

屡战屡败的下一站，
是学会如何触底反弹

.
.
.

成年人要为自己的言行负责，为自己的过错埋单，自己不坚强，没人替他勇敢。

一个外卖小哥白天辛苦奔忙了一天，可为了养家，晚上还在继续加班，精神恍惚之下骑车撞到了豪车上，急得在路上放声大哭。因为出了这样的事情，不仅他的外卖送不到要被罚款，一天的单等于白接，更悲情的是，有可能他近一个月甚至几个月的努力都要付之东流……

一个打工人，付出了半辈子的努力，可上司就是看他不顺眼，40岁的人了，屡屡被那个小自己十几岁的年轻人叫到办公室训斥。深夜，他一个人坐在街边，一边喝酒，一边流泪……

一个生意人，生意做得风生水起，却因为合作伙伴卷款跑路，不得不在公园里露宿……

每个到了不惑之年的人，都会经历许许多多的跌跌撞撞。

　　那是一个漫长、难熬的时期，让人痛苦、无助、困惑、迷茫，甚至是绝望。

　　然而流泪有什么用？

　　如果流泪有用的话，我愿意把居室哭成一片汪洋。

　　40岁，在屡战屡败之后，真正应该思考的问题是如何触底反弹。

　　触底反弹，是指当股票跌到人们心中的底线后，只要能够坚守住这个底线，就会发生持续反弹效应。

　　这个效应，同样也可以用来解读我们的工作和生活。想做到触底反弹，就要懂得"拳击思维"——

　　在赛场上，拳击手被击倒在地的那一刻，观众席上会有嘲笑、叫喊，这是对他失败的羞辱，拳击手趴在台上，没有气力，不愿动弹，裁判却在一旁开始读秒：1、2、3……

　　这时，如果拳击手还有一丝气力，他一定会立即站起来，不顾一切地重新投入战斗。这是拳击手的精神，如果没有这种精神，也不会成为合格的运动员。

　　人生就如一场拳击赛。当我们被突如其来的"灾难"击中时，会灰心，这很正常，我们躺在那里一动不动，是在恢复心志。

　　只要是恢复一点点，哪怕只有一点点，我们就应该爬起来，即便再被击倒，也要爬起来，被击倒100次，就爬起来100次，因为不爬起来，你就永远输了。

　　"失败是成功之母，也是一个全新的开始。"许多取得成功的人，在获得最后胜利的那一刻，都会感激自己当初对待失败的态度。

　　我们身边就有许多这样的例子，他们中有因白发人送黑发人而陷入抑郁状态的母亲，有离职失业后又很快满血复活找到更适合自己工作的职场打拼族，也有带有先天缺陷通过努力走出困境的年轻人……但在这些人的背后，有更多的人还在困境中徘徊。如何面对困难，完全是由自己决定的，它同样决定着你的未来。

当40岁的你身陷困境时，请务必记住以下几点。

1. 不要回头看，要坚定前行

你在困境中反复懊恼，是改变不了事情的走向的。这只会让你深陷其中，难以自拔。只会困扰你，让你难以前行，也会内耗掉你的精力。

所以，让这一切都随风而去，只有把握好现在，积极负重前行，未来才更可期待！

2. 哪怕没有方向，也不要有病乱投医

大家在各种利益的驱使下，都想多赚些钱，来满足自己的消费需求，有的人甚至会采取借贷等非正常的冒险方式，以达到更快的回本目的。

这就是有病乱投医的表现。人在低谷时，要平静对待，越着急，就越容易出错跑偏。

所以，面对挫折，你一定要行稳、坐稳、不轻举妄动，避免因操之过急而陷入万劫不复之地。

3. 重新审视自己，正确认识世界

人在低谷时，能看清世界的本质，并产生抗压动力。在这种状态下，心态是你拨云见日的光。你强，它自然就强。

回看我们的人生，人往往越是风光，就越容易迷失，只有困惑时才见真章，这也是对心性最大的磨炼。

低迷时，通过重新审视自己，思考人生这个大命题，看清世界本来的模样，知道谁是自己真正的朋友，谁值得自己为其付出，并在此基础上规划好自己的下一步，赢得美好的未来。

4. 有反击的决心，成功逆袭转身

困惑中的人，最容易低迷，面对诸多的不确定性，身心备受煎熬。

这时，你要将这份煎熬转化为前行的动力，想一想你的优势能力，什么是翻身不可或缺的条件。只有凭借决心和毅力，重塑信心和勇气从头再来，才能绝地反击。

所谓出路，
就是选择一条适合自己发展的路

．．
．

一只圈养的小山羊在不经意间跳到了圈栏外，看到旁边菜园内有绿油油的白菜，它很想吃，但围栏太密，缝隙太小，忽然它看到阳光下自己大大的影子……

"原来我是这样地高大呀，为什么非要吃这够不到的白菜呢？吃树上的果子不好吗？"

于是它跑向了远方的果园，尚未到达就已近中午，阳光照在它的头上，它的影子变成了一个小球。

"我怎么又这么小了，看来是够不到树上的果子了，还是回去吃白菜吧。"快速地思考后，它想，"我这么苗条，钻进菜园的围栏不成问题！"

可当它回到菜园外时，太阳已经西下，小山羊的影子又被拉长，显得高大无比。

"我这是怎么了，我这个子不比长颈鹿矮，一定能吃到树上的果子的！"

就这样，小山羊不停地往返于果园和菜园间，直到天黑了仍在饿肚子……

很多时候，我们都和这只迷途的小山羊一样，由于自己的思维和判断受到外部环境的影响，而做出错误的行为。这就需要我们转换角度，走出自我常规认知，经常照照镜子，不光看正面，也要学会看反面，从而对自己有一个正确且公正的评价。

相反，如果不顾基本事实，没有正确地进行评估，给自己做了一个不准确的定位，到头来只能自食苦果。如同我们心中有一杆秤，称轻了自己，容易让自己自卑；而称重了自己，就难免自负。所以，只有称得真实，才能找准自己的定位，避免给自己带来尴尬和苦楚。

美国有一位大文学家，年轻时和现在我们中的很多人一样做着发财梦，热衷于投资。

但实际上，他是一个有文学造诣而无经济头脑的人，在生意场上输得一塌糊涂，直到他58岁那年，穷困潦倒的他才认清自己，开始致力于写作，然后，一举成名天下知。

这个人就是大家熟知的马克·吐温。他仅用了3年时间便还清了自己在生意场上欠下的所有债务，后来更是成为举世闻名的大文豪。

马克·吐温的故事告诉我们：一个人如果不能认清自己，无论才华多大，都将与成功无缘。

每个人都有自己特定的天赋和专长，甚至在某一个领域中可以被称为"天才"。但却只有少数人能够认清自己的天赋和能力，并把它挖掘、发挥出来，最后真正获得成功。

很多人即便白发苍苍之时，也没能发现真正适合自己做的事情，最终遗憾地撒手人寰。

希腊德尔斐神庙有一句箴言叫"认识你自己"。要想成就自己的事业，就必须对自己有一个正确的认识。

你最擅长做什么与你的性格、才智、脾气、禀赋等有着直接的联系。只要平时注重观察，就不难从中找到方向，找到得心应手的事情。

比如，你为一道普通的数学题而焦头烂额，或是为难记的英文单词而反复死背，但却在待人接物、排忧解难上有超强的能力，那么，它就是你擅长之事。

把握自己所长，据此选择走什么样的路、做什么样的事，可以避开自己的短处，避免浪费自己的时间和精力、物力、财力等。

人无完人，谁也不可能是永远的强者，在方方面面都超越他人。只要在某一点、某一个领域超过他人就已经是非常棒的事了。所以，我们要做的是改正缺点，克服短板，用心经营好自己的长处，这样就一定会创造全新的自我。

那么，要如何发挥自己所长，寻求适合自己的出路呢？

那就是要学会尝试、积累和探索。

无论你年龄多大，尝试、积累和探索都是建立自我成功体系的重要基础。

有人说："真正的自我是需要碰撞的，没有碰撞就没有自我的产生。"

环境造人，人就要善于跟随周边环境的变化而变化。所以，我们在成长过程中，需要学会尝试、积累和探索，这也是让公众认同真实自我的关键所在。

很多人的困惑往往来自自我的思维偏见，偏见越大，困扰就越多，而智慧只会在尝试、积累和探索中产生。

无论你想成为什么样的人，你都必须明白付出的代价和成功之间的关系，这是我们要认识的，也是必须经历的，这样才能修得正果，走向成功。

向外精进自己，
40 岁皆有可能

人生就是一站有一站的风景，

一岁有一岁的收获。

感激我们看过的每一次日落。

年龄应该成为我们生命年轮的勋章，

而不是枷锁。

内向者的逆袭：
以一种特别的方式打开格局

:

.

"内向"这个词，其实挺笼统的。

人们见人喜静、不爱说话，便习惯性地称之为内向。

某些人说，内向者情商不高，沟通能力差，不善于团队合作，其发展必然受限，难成大器。也就是认为，内向者不如外向者。

这种说法对吗？

"内向性格和外向性格差异分明，但只是不同的性格特征，没有好坏的区别。"这是分析心理学代表人物卡尔·荣格给出的答案。

内向者对生活的判断，来自内心的想法、印象和情感，他们并不是与人群格格不入，只不过将生活重心放在了内心体验上。

他们之所以喜欢给自己寻觅一个安静的独处空间，是为了在纷繁复杂的乱象中，摒弃干扰，将事物参透，将自己的生活理出头绪来。

说到底，内向者与外向者，只是个性不同而已，只是对这个世界的看法和表现形式有所差异，并无好坏优劣之分，外向者有外向者的优势，内向者有内向者的专长，不能一概而论。

畅销书《内向心理学》曾客观地总结概括了内向者的十大优势，我们一起来看看是不是这么回事。

1. 谨慎

情感细腻，稳中求进，为人处世考虑周全，能够换位思考，愿意理解并尊重对方，而不是强迫对方接受自己的观点与立场。

2. 自我探索

看待问题强调本质，喜欢探寻有深度、有意义的内容，不善于夸夸其谈，更倾向于有深度的交流。

3. 专注

笃定一件事以后，能够集中精力全力以赴，做事耐力极强。

4. 善于倾听

看似不善言谈，其实是在对方的言谈中过滤对方要表达的信息、立场和需求，以便更好地完成对话。事实上，基于人性而言，多数人更喜欢一个安静的倾听者。

5. 安静

不喜欢虚张声势，不屑于浮夸，不愿意凑热闹，把内心的安静作为专注、放松、向内审视自我以及忠于自我的基础。

6. 善于分析

面对错综复杂的问题，可以发挥出极强的逻辑能力，善于抽丝剥茧、寻根觅源，将待解决的问题条理化，从中找出关键信息，以及对应的解答方案。

7. 独立

自主性极强，原则不容触碰，能够自律、自我节制，不在意别人的看法。

8. 持之以恒

非常执着，认准一件事就会做好长期备战的准备，对自己的最终目标有种咬定青山不放松的劲头。

9. 擅长写作（相对于谈话）

相对于口头表达而言，更喜欢也更擅长以书面文字的形式进行沟通。

10. 共情能力强

能站在对方的角度考虑问题，体谅对方当时所处的环境，能够有谋略地与人周旋，愿意考虑共同利益，进而妥协。不喜欢与人发生冲突。

事实上，乔布斯就是一位典型的内向性格者，他的朋友回忆说："如果乔布斯不是因为太过内向而不愿外出，他就不会学到那么多电脑方面的知识。"

他从不强迫自己向那些外向性格者的成功学妥协，就沉浸在自己的领域里，反而比那些外向性格者做得更加成功。

笔者的高中同学甲，很小的时候就开始下围棋，高中之前可以说下遍全校无敌手，直到上了高中遇到我们的另一个同学乙。

他很不服气，于是他暗中观察乙，结果发现对方也不是天赋异禀，只是一直以来长期安静地专注于围棋这一件事，并且一旦沉浸进去，就能达到两耳不闻窗外事的程度，不像自己，涉猎极其广泛，一有风吹草动，就蹦出来跃跃欲试。

这个棋艺了得的男同学乙其貌不扬，性格内向，不像其他男孩子那样喜欢交友。

除去必要的社交，他更喜欢窝在家里学习和研究围棋，下棋的时候他不喜欢有人在旁观战，更不喜欢别人在他对弈时惊叹他高超的棋艺，因为越是安静的环境，他的思路就越清晰。

每次下完棋以后他都会坐在那里安静地复盘，不断地总结与精研，因此棋艺一直在进步。

甲了悟后，从此安静下来，修心养性，学习成绩直线飙升，一举考进了清华，如今不满四十，已经是国内小有名气的心理学家。

而那位总是能赢的同学乙，也已经成为业内名气不小的职业棋手。

可见，内向性格完全没有问题，有问题的是因为自己内向而自卑，怕的是受世俗和地摊文学的挑拨，过分干预自己的性格。

就好像你为了迎合别人的喜好，强迫自己去寒暄、套近乎、去侃大山、去搞人情往来那一套，别人尴尬，对自己也是一种折磨。

结果呢，一直苦恼自己的性格，在纠葛中身心俱疲，仍然无法改变现状。

所以，与其耗费心力与精力，损失自我与快乐，强行去做这种"改江山移本性"的事情，还不如允许内向的自己在性格上保持足够的弹性，给自己更多的时间和空间去沉浸于应该做的事情，发挥内向者与生俱来的潜力。

最重要的是，永远不要再为自己的性格是否符合主流而苦恼，性格就是性格，是我们与生俱来的特色，为什么要委屈自己强行符合主流？

那种由外向者鼓捣出的"主流说法"，对于我们内向者而言，实际上是一种见血封喉的"毒药"。

我们需要做的，是不断充实自己，让自己在 40 岁以后变得更加优秀、更加强大，用实力来证明自己。

你不妨去查查，看世界上最成功的那拨人中，有没有一半以上是内向性格。

停滞不前的背后，
是你对自我营销的不甚了了

:

.

酒香不怕巷子深，是金子一定会发光。

算了吧，这并不是一味好鸡汤。

你的酒再香，闭锁在巷子里，埋藏在地窖中，别人也不知道这里有好酒；金子纯度再高，能亮瞎人眼，埋在地底下，也没有人能够看得见；一个人即便才高八斗，如果不善于自我营销，也很难有所作为。

千里马常有，而伯乐不常有，在这种情况下，你还遮遮掩掩，不怀才不遇才怪。

40 岁依然停滞不前，很大一部分原因是你对自我营销不甚了了，或者自命清高。

不论你从事什么职业，是普通职员、培训教师、自媒体创作者，抑或是医师、律师、设计师等，如果你还未做出成绩，可以尝试着推销自己。

那些懂得推销自己的人，总是更容易得到别人的欣赏，这完全是因为他们使用了一点额外的技巧。

李先生失业了，上有老下有小躺平不得，急需找一份养家的工作。

他备好履历表，精心装扮一番，前往一家杂志社人事部应聘。

"请问，贵社需要一名优秀的资深编辑吗？"李先生咨询对方人事经理。

"对不起，我们不需要。"

"那么一名好的职业撰稿人呢？"

"不好意思，也不需要。"

"哦，那你们一定需要一名经验丰富、态度认真的校对吧？"

"真的不需要。实话对您说，我们社名气不大，运营一直不太好，老总还想着裁员呢，怎么还会招人呢？"

"经理，那你们一定需要这个东西。"李先生说完，从公文包里拿出一面设计精美的摆台，上面赫然写着"全部额满，暂不雇用"八个大字。

人事经理眼睛一亮："但我们需要一个善于设计推广方案，能够帮助公司起死回生的宣传人员！"

李先生不仅被录用了，还得到了很高的待遇。

对于个人来说，其受益最大的营销一定是自我营销，而不是产品推销或品牌销售。

别人埋头苦干的时候，你一边埋头苦干，一边巧妙表现；别人懒怠的时候，你仍旧埋头苦干并适度表现。时间一长，你和别人的差距将肉眼可见。

试问，如今站在行业头部的那些大佬，哪一个不是自我营销、宣传造势的高手？

很多成功的创业家创业之初，正是凭借这种超人一等的自我营销能力，获得投资者与客户的心理认同，使后者对他们的远景构想产生信任，愿意掏腰包为他们的梦想埋单。这些人不管进入哪一个领域都会成功，因为自我营销的基本脉络是相通的，一门通门门通。

如果你认为这些人天赋异禀，无法复制，那咱们再来个可复制的，以自媒体为例。

做自媒体的目的是赚钱，这就需要推广和引流。也就是日复一日地做自我营销，想尽办法让别人注意到自己，竭尽全力寻找素材保证不断更，即便最初每日只有几个人关注，甚至零关注，但只要不断寻找机会，坚持不懈，私域流量会从量变发展到质变的。

其他行业、其他职业也是如此，想要为自己攒够原始积累，就要不断地自我推广，与他人建立链接，形成链接网，不间断、不厌其烦地做，终有一天能看到你想要的效果。

记住一句话，"欲速则不达"，过于心急的自我表现常会让人觉察到一身功利的气息，慢慢来，水到自然渠成。

大家需要认清楚一个事实，无论哪个行业，都是越往上走位置越少，位置越高，就越是很少通过公开招聘的渠道补缺，几乎都是在企业内部选拔，图个用着放心，只有为形势所逼或是迫在眉睫，才会靠推荐去外部挖人，但是，挖的一定是杰出人才。

所以在 40 岁这个关口，与其抱怨"怀才不遇"，不如自我精进，寻找能展现才华的平台。

稲盛和夫说："人最伟大的能力，就是战胜自我的能力。只要战胜自己，就能克服其他的壁障，取得卓越的成果。"

这是个人能力精进的底层逻辑，也是搭建事业大厦的根基。

效率之外：
怎样让工作效果超出预期

. . .

.

从毕业到现在，掐指一算，15 年！

工作兢兢业业，日复一日、年复一年，猛然抬头，新来的小青年跑到自己前面去了！

你喝点小酒絮絮叨叨，说自己没有功劳也有苦劳，但谁会在乎你的苦劳？

整个公司，上上下下，小到几十，大到几万，工作这么久，谁还没有一点苦劳？你那点苦劳早已泯然于众人，可以忽略不计。

别以为劳苦就一定功高，工作之中效率第一，你必须让自己的工作效果超出预期，想方设法引起领导的注意。

杨单纯前段时间升了副总，要好的几个哥们儿特意在酒馆摆了一桌，庆祝他再次高升。

酒过三巡，一哥们儿问了："我说老杨，你这升得有点太快了吧，刚毕业那会儿不过是个小技术员，十几年都干到集团'二把手'了？把你的升官经给大家讲讲呗！"

　　杨单纯也不矫情，直言不讳："把你自己想象成你的老板！"

　　看着大家一脸迷惑的样子，杨单纯解释道：

　　"如果你的老板遇到了竞争对手，你就先行一步，想尽办法摸清对方的底细，把对方了解透彻，并在合适的时机，以'老板的想法'说出你的看法：'老板，刚才听您那么一说，我突然想到……'

　　"而且要说得有理有据、思路明确和结论精辟，最重要的是，要让在场同事都认为你的点子源于老板的想法。

　　"如果你的老板想要做员工培训，你就想方设法找到一些高级培训师，别怕花钱，向他们取经，然后等老板开会谈论这件事的时候说：'老板，我好像明白了您的意思，您是不是这样想的……'

　　"当你的老板考虑如何降低运营成本时，你就努力、认真、仔细地去研究公司运作流程，迅速拿出一套可行性强的、可提升效率、降低成本的策划方案献上去：'老板，根据您的意见与政策方针，我做了一份相关的策划案……'

　　"总之，你要跟老板心有灵犀，亦步亦趋，你具备了老板一样的心态，替老板做了足够多的事情，那么他需要左膀右臂的时候，就会第一时间想到你，而且他坚信：你能够在那个位置上做得很好！"

　　老伙伴们恍然大悟："叔叔阿姨给你起名字的时候，是不是对'单纯'这两个字有什么误解？"

　　有些人在职场摸爬滚打十几年，40岁就把自己活成职场老混子了，将偷奸耍滑、投机取巧当成一种本事，领导在时一个样，领导不在时就彻底放飞自我、敷衍了事，咱们不说以厂为家那些高大上的空话，但是起码，不管做什么事，该有的责任心总要有吧？

　　事实上，这世上哪有那么多怀才不遇，你的才华若真有价值，而且能够持之以恒地展现出来，用在该用的地方，伯乐怎么会看不到？难道伯乐们宁可舍弃莫大的价值，也要埋没你的才华？跟你有仇吗？

　　这世上绝大多数的怀才不遇，都源于对自我经营的懈怠。

　　所以当你40岁依旧怀才不遇，为此怨天尤人愤愤不平的时候，不妨先审视一下自己：

　　"这些年，我究竟在自己的岗位上做出了什么实质性的成绩？提供了什么实质性的价值？做出了哪些实质性的贡献？"

　　看看一只手能不能数得过来。

　　然后问问自己：

　　"公司的未来计划是什么？将来会朝着哪个方向发展？我在其中能够扮演什么样的角色？起到什么样的作用？"

　　如果发现自己只是一个滥竽充数的边缘人，那需要做些什么，才能改变这一尴尬的情况？

　　大部分优秀的职业经理人都是这样一步步做起来的，效率之外，使用方法，不谈苦劳，主打功劳。

　　他们会时刻保持高度的危机意识，不间断地弥补自己的不足，然后以老板的心态、站在老板的高度，抢在老板前面把事情想好、做好，使老板高高兴兴地做他的甩手掌柜，对他们越来越依赖。什么时候老板离开他不行了，他的职业计划就成功了。

见识打开了，
格局也就上了一个层次

·
·
·

　　我的发小庄雯，从小就是爸妈的掌中宝，不过她没有恃宠生骄，很安静，很懂事，也很听话。

　　从上学到选专业，从择偶到择业，全由父母一手操办，她也不是没有自己的想法和标准、兴趣和好恶，只是每次想谈下自己的看法，就得到这样的回答："你一个小孩子懂什么啊？我们走过的桥比你走过的路都多，听爸妈的没错，爸妈还能害你呀！"

　　然后她想想，好像也挺有道理，就逆来顺受了。

　　她学的电子通信在当时是一个特别吃香的专业。毕业前夕，她在深圳实习，看到那里的科技创新日新月异，经济蓬勃发展，便决定留在那里闯一闯，趁年轻，干事业。

　　然而庄雯父母坚决不同意："你一个女孩子，在外面闯什么，遇到坏人怎么办？赶紧回来，我们帮你安排工作，趁着年轻有资本，找个好人家嫁了，再等几年，只能捡别人挑剩下的啦！"

　　庄雯想想，好像还是有点儿道理，便又不再坚持了。

回到家，很快她就在父母的要求下，应聘去了市里的高校食堂，每天的工作也很轻松，无非是每周研究买什么菜，蔬菜和肉的比例应该是多少，然后策划一下如何进行合理的膳食搭配，制作出色香味俱全的营养快餐，并督促阿姨们不要手抖。

27 岁，在父母的安排下结婚生子，老公在公交公司工作，身边的七大姑八大姨羡慕不已："这多好啊，小两口都有正式工作，铁饭碗，退休有劳保，女孩子，不就是相夫教子嘛。"

如今庄雯已步入不惑之年，事业也到达巅峰了，成了食堂部的"三把手"，排在她前面的是后勤部主任和他媳妇，这是她翻越不过的两座大山。

每每有朋友从大城市回来探亲，庄雯都不是特别开心，当然也不会特别难过，只是看着别人绘声绘色地描述职业发展，心神偶尔会有些恍惚，不知道眼下这波澜不惊的生活是不是自己寒窗苦读十几年想要争取的。

庄雯觉得自己麻木了，也懒得挣扎了。

生活中有很多庄雯，你可能也是庄雯。

很多人会随着成长而逐渐迷失，他们在习惯了趋同的生活后，便慢慢麻木，即便偶尔心中灵光闪烁，有了不错的想法，也会瞻前顾后，结果考虑得越多，胆子就变得越小，最后为稳妥起见，不了了之。

于是慢慢地，有些事能够得过且过就不会去争取，有些事即使不喜欢也不会说不愿意，有些事即便做起来游刃有余也不会竭尽全力。

于是整个人越来越古板，明知道不对，对于批评也无所谓；明知道应该改变，也不愿接受新生事物和意见，虽然比下有余，但活得毫无生气。

偶尔回忆起年轻时的梦想，顿觉岁月是把刀，刀刀催人老，心中的郁闷便如乌云一般弥漫，再考虑到自己的年纪，不觉越发迷茫和焦虑。

在硅谷创业的卢伟最近衣锦还乡，发小们一起给他接风洗尘，席间他不无感慨："如果当年不是父母逼我努力，我可能以为考一所好大学，找一份好工作，觅一位好妻子，生一个好孩子，就是人生应该的样子，我的世界大概只有一个家的大小。但是现在，我知道这个世界有无穷大，太多的人，太多的事，给了我太多的启发，太多的挑战让我迅速长大，太多的想法让我不能停下。"

庄雯问他："听说你还没成家，你这样会不会太折腾了一点？"

他反问庄雯："你觉得，40 岁的人，拥有的最宝贵的东西是什么？"

众人一脸茫然，不知道他葫芦里卖的什么药。

卢伟微微一笑："可能性。"

卢伟说，他的人生目前比别人多了很多可能，这正是"不安分"给予他的馈赠。

受普遍价值观影响，我们努力的目标通常是考高分、进入好学校，找一份稳定的好工作。这种做法无可非议，但为什么我们往往在 40 岁陷入困境呢？

因为这样的成长轨迹有利也有弊。好处是，倘若不出现意外，的确可以一直处于稳定状态，高枕无忧、顺顺当当地过完此生；坏处是，一旦风不平浪不静，单位出现调整，职位出现竞争，生活就可能掀起波澜，因为自己在一方天地中太过安逸，忘记了学习，没有不断接受新的知识点，更好地理解这个世界的运作，解决新的问题。

人的本质就是一个智能系统，即使这个系统十分完美，倘若没有新的数据输入，也不会有合乎时宜的全新方案产出，想要见识突围，你必须不断给自己的系统更新信息，打开格局。

那么，怎样才能不断更新信息？

最直接的方法有两种：读万卷书，行万里路。

读书的好处可谓举不胜举。从小到大师长们一直在说，我们也一直在听，此处便不再赘述。

只是有一点需要讲明，所谓读万卷书，并不是说要笃定某一专业领域抱着书本废寝忘食，当然这样也没有什么不好，可是见识又容易被困锁于某一领域内。

其实，如果时间和精力允许，我们大可以广泛涉猎，即便是一些鸡汤文，也能为我们提供有价值的东西，当你积累了足够多时，你的大脑会一直处于联机状态，第一反应会告诉你这个问题应该怎样解决，这件事应该怎样做。

开阔视野的另一种方法是行万里路。

我身边有不少朋友就是这样的人，他们不认命、不甘心，四处寻找机遇：土木系的大刘辞了监理，跑到英国建筑公司一线实习；在老家开了几年饭店，感觉前景堪忧的勇哥跑到法国去做学徒，学习西式料理；还有人去新加坡做义工……

倘若你能多去一些地方，了解不同的国度，解读不同的文化，你会收集到很多之前你接触不到的信息，从而更好地认识这个世界。

就像著名编剧宋方金所说的那样："亲爱的，我要怎样才能向你形容和描述我历历在目的那场大雪？我的困难在于：一是，你从未见过雪；二是，你也从未见过鹅毛。"

读书和行路是我们打开世界的大门。世界的大门打开后，格局也就打开了。

认知能够突围，
赚钱是迟早的事情

.
.
.

当我们不长见识，不接触外部更新的信息，以及新的人和物，思维就容易呆板、固化。读了很多年书，却发现自己懂的很少，遇事全凭跟风，将自己的主见和想法泯然于众人，主打的就是一个求稳。

比如前些年兴起的品牌加盟，我认识的一个餐馆老板看到市里开了两家茶饮连锁赚了钱，便放弃了原本扩大经营的想法，转而投入看似稳赚的连锁加盟中。

谁知和他有同样想法的大有人在，小小的城市前前后后接连出现了好几家品牌茶饮，市场一下子就失调了，大家都想"稳赚"，结果大家都没得赚。

认知突围的最大价值，就是帮助我们逆向求索，找到自己的核心优势，也就是利用差异化做事。

1848 年，一位瑞士移民约翰·萨特在加利福尼亚的萨克拉门托附近发现了金矿，投机资本家随后将消息传播到了全世界。

一瞬间，人们像蝗虫过境一样涌向加利福尼亚，近在咫尺的圣弗朗西斯科最先受到冲击，工厂停工，商场停业，农民弃耕，仆人背弃主人，士兵抛弃营房，公务员离开自己的工作岗位，整个城市陷入瘫痪，大家陆续成为淘金者。

由于人口急剧增长，加利福尼亚的民生问题陡然紧张起来，尤其是服务业的发展远无法满足当时社会的需要。这使得淘金者们的生活条件异常艰苦，其中最痛苦的莫过于缺水。

于是出现了这样的情景。

有人骂骂咧咧："这该死的天气，要是谁能给我一壶水喝，我愿意给他一枚金币！"

马上有人嘲讽道："你太小气了，难道一壶水不值两枚金币吗？"

有人财大气粗："我愿意出三枚金币！"

众人都在叫苦连天地发着牢骚，一个小伙子却沉默不语：要是我改行卖水，应该比挖金矿赚得还要多吧？

说干就干，小伙子当下就不挖金子了，拎着铁锹改挖水渠，引来水，然后运到山上卖给那些淘金者。

一起过来的小伙伴都嘲笑他："你是不是傻？放着金子不挖，跑去卖水？能赚几个钱啊！"

小伙子也不反驳，只是默默地做着手头的工作。

几年后，大多数淘金者都灰头土脸地空手而归，有的人甚至困在异乡，衣食成忧。而他们之前赚的钱，很大一部分都进了小伙子的腰包。

这世上每出现一个商机，能够抓住机会大赚一笔的永远只是少数人。

如果什么红火做什么，那大概率会演变成为"红海竞争"。

在已知市场空间中，竞争规则已经制定，在这种情况下，打到最后往往拼的是价格，即价格战。先来者已经赚得盆满钵盈，坐稳头部，制定规则，后来者毫无优势，被牢牢压制。

如果把认知打开，想想现在市场上缺什么，还有哪些细分市场处于空白期，如果实在没有，那么想想现在什么比较火，它的周围配套有人做吗？做得够不够好？你能不能够做得更好？

你看，只要愿意多想一想，就可以想到很多突破点。

我们在 40 岁的时候遭遇了瓶颈，找不到出路，是因为我们在认知里给自己竖了一道墙，让我们看不到外面的风景，因而活在一个习以为常的世界里，困守经验主义，不破所以不立。

你现在需要的是突破原有认知限制，避免经验主义，摆脱求稳心态，重新出发。从想象到思考，从思考到尝试，只有行动起来，才能从无到有，从无知到有知。

在大多数人眼里，赚钱是最难做到的事情，但其实它最容易。

说到底赚钱就是一个过程和结果，就好像农民种地一样，把选种、耕种、施肥、灌溉这些事情做好了，收获自然水到渠成。

总结一下，首先你要通过外出接触与学习，打开你的见识，当你有了见识，便会更容易突破认知壁垒，当你的见识和认知都打开了，再辅以一定的能力，赚钱是迟早的事情。

你看，多简单的道理，可惜相信和实践的人并不多。

摒弃无用社交，
40岁努力让有效关系加速流动

江河不择细流，

故能就其深，

谁更善于交朋友，

谁更懂得容纳和使用人才，

谁就能够在现代竞争中脱颖而出。

人到四十，

应该可以想明白"难得糊涂"的道理了。

每一份关系对你来说
可能都有用武之地

.
.
.

有本书这样写道：搜集 20 个将来可能大有作为的同行的资料，对每个人的情况都了然于心，然后找些理由去拜访这些人，并竭尽全力和他们保持良好的关系。这样，一旦他们其中任何一个人宏图大展，你都会进入他们的视线，迎来机遇。

上学的时候，老师一般都会耳提面命，告诫我们一定要和同学们搞好关系。这是因为如果将来你想去某个大城市发展，恰好有一个同学在那里，他不但能去火车站接你，能在你陷入困境的时候适当接济你，还能以他对这个城市的熟悉，适当地给你指条道路，或者帮你介绍一些有用的人。

这是最简单的人际关系逻辑。

当然，每个班集体总会有一些格格不入的人，整天摆出一张扑克脸，神似嵇康转世，冷酷至极。这种心态其实是极其幼稚的，除了能引来不谙世事的小女生关注，别无用处。如果这个心态不改变，他将来肯定很难有前途。

很多人在 40 岁的年纪一筹莫展，缺的就是人际关系这个关键因素，匮乏的人际关系让他们错过了很多资源，造成了信息的不对称，变成了没头苍蝇。

一个人要想跨越层次，知识、见识、格局、能力固然重要，但必须具备一个决定性资源，即伯乐。

然而千里马常有，而伯乐不常有。

我有一个朋友，在北京做房地产销售，有一次带着一位成功女士看别墅，那位女士看起来很年轻，气质不凡，朋友佩服不已："您这么年轻就成功了，我在您面前真是太羞愧了。"

女士莞尔一笑："我可以送你一句话，想听听吗？"

朋友欣然表示："洗耳恭听，请您赐教。"

女士很认真地说道："每次我和客户聊天的时候，我都真诚地向他们求助——我需要您的帮助，可不可以帮我介绍几个朋友？这个举手之劳，很多人都愿意帮忙。"

朋友眼睛一亮。

道别的时候，我那朋友突然一脸真诚地说道："我需要您的帮助，可以不可以帮我介绍几个朋友？"

女士笑了，一副孺子可教的表情："要不然你来我公司上班吧。"

现在，我这个朋友已经在北京全款买了房，虽然只是五环外的山景房。

当我听朋友讲起这段往事时，心里颇有感触。人要以诚挚的态度多听听成功人士的建议，别把人家的话当耳旁风。事实上，那些优秀人士的一个朴实的人生感慨，都可能是你前进路上一个很好的指路明灯；要抓住身边的一切机会积累人际资源，一个萍水相逢，可能就会对你的未来产生极大的影响。

我还有一个朋友，早些年看人投资股市就跃跃欲试，但身边没有懂股票的朋友，自己胆子也不太大，一直纠结不已。

有一天他上街买菜，看到一个男人买完菜以后才发现钱包忘带了，正在那里尴尬不已。

朋友见状，挺身而出帮他结账。两个人互留了联系方式，后来成了朋友。

那个男人是股票界一个资深老玩家，虽然最初也赔了不少钱，但已摸索出一套心得与经验。2013年至2015年，他带着我的朋友着实大赚了一笔。

可见，每个人都有可能成为你的贵人，即便最初只是一个陌生人。

人际交往本来就是由陌生到熟悉的一个过程，是积攒人际资源一个必不可少的环节。耶鲁大学的社会心理学家米尔格·兰姆通过大量实验研究发现，在现代社会，最多通过六个人你就能够认识一个陌生人，这就是著名的六度分隔理论。进入信息化时代后，这一理论更是在现实生活中一次次被验证。

人际交往中还有一点值得注意，如果在你的朋友圈中或者朋友的朋友圈中，看到很有能力但目前际遇不佳的人，记得要好好对待，在别人疏远他的时候，你应该结交他；在别人轻视他的时候，你应该重视他；在别人怠慢他的时候，你应该优待他；在别人躲避他的时候，你应该尽你所能地接济他。

人际关系学中有一个术语叫"冷庙烧香"，说的就是这个意思。

在有能力的人落魄之时，拿出无比真诚的态度去送温暖，所得到的回报将不可估量。

当然，交朋友还是要以真挚的情感为主，不要太功利，大家都是聪明人，功利性太强，反而会让人不高兴。

40 岁要会创造欣赏：
演技是怎样炼成的

．

．

人人都可以看到太阳，原因很简单，因为太阳会发光。

就算标明三个九如假包换的千足金，倘若被深埋到土层之中，也不会发光。

人们可能会去捡一颗假珍珠，但不一定会去捡一小块沉香木，因为假珍珠也会发光。

只有发光的东西，才更容易吸引人的注意力，是不是这个道理？

你本身有能力，但没人给你表现的机会，你又不擅长表现自己，你就发不了光。

你没有价值，又或者无法让人看到你能够提供的价值，你就会成为圈子的边缘人，在朋友圈、工作圈、商业圈、娱乐圈，莫不如是。

对于一个年届四十还没发光，没有关系、没有资源又没有本钱的人来说，要怎样扭转当前这种让人有些抑郁的局面呢？

一句话，外力是根本，借力打力才不费力。那么，外力又在哪里？如何才能借到外力？只能无中生有地创造出来。

咱们一边看故事，一边细分析。

老高跳槽了，一路过关斩将，终于和几个朝气蓬勃的应届生一起进入一家现代化集团。为了表示对新人的重视和鼓励，部门经理单独给他们组织了一次团建。

用餐地点离办公大楼不远，年轻人们三三两两结伴而行，都恨不得离部门经理三丈远。只有老高不远不近地跟在经理身后，有一搭没一搭地闲聊着。

来到酒店，经理落座以后，年轻人们瞬间找好自己的位置，东边一堆，西边一块，唯独将经理身旁的位置空了出来。

老高进屋，就笑呵呵地建议："大家倒是往一起凑凑啊，不然聊个天还要伸长脖子，吃口菜都够不着。"

说完，便很自然地坐到经理一侧，年轻人们见状，也纷纷跟着凑了过来。

经理悄悄向老高投来赞许的目光。

人们初次接触陌生的环境，往往都会很拘谨，能多低调就多低调，拼了命地玩深沉，就怕引起别人注意，成了"出头鸟"。

事实上，"枪打出头鸟"不是这样理解的！

出头鸟是一种什么样的姿态？那是不管什么事，都喜欢出风头，完全看不清形势：领导讲话他抢台词；领导表功他抢风头；领导下决定，大家都腹诽，他站出来带头抗议。他根本不知道该在什么时候做什么事、什么事情在什么时候不能做。

当然，这样做也不一定都是坏事，比如海瑞的刚直不阿，但像海瑞一样骂完老板，还能如同坐火箭一般蹿升的职场人又有几人呢？

不管职场、工厂还是社交场合，哪怕是情场，没有声音、不会发光的人，最终都会成为边缘人——日常可做职业备胎，一旦有优秀的人出现，就要乖乖让贤。

离对你有帮助的人以及你很重视的人近些，让他注意到你的存在，用恰当的表现兑现他的好感，唯有如此，你才有可能收获意外的惊喜。

我们看看老高自然而然的表现，谁能说他是溜须拍马呢？原本这次团建，部门经理就是想和大家融洽一下关系，兴许还想顺便衡量一下谁是团队需要的人才。然而不懂事的年轻人们只想着低调矜持，也有可能是清高自负，不约而同地将经理晾在了一边。

其实换位思考一下，年轻人们难道不知道在领导面前表现的重要性吗？只是好面子瞎扭捏，害怕别人说自己巴结领导罢了。

再换位思考一下，倘若你是领导，对于那些放不下身段、矫情扭捏的下属，你会放心把接待客户、协助管理团队的重任交给他们吗？

答案是显而易见的。

老高是个非常自律的人，每天几乎在同一时间段来到公司，每次都恰好在电梯里与部门经理不期而遇，自然而然地打起招呼，闲聊几句轻松话题。并不像同来的几位年轻人那样，有了第一次的失策，便硬着头皮与经理没话找话，弄得彼此都很尴尬。

领导要是问他工作状况，他总是有条不紊、对答如流，因为他有在晚上做自我总结的好习惯。这让领导喜形于色。

管理学认为，"上下同心，其利断金"，睿智的领导喜欢和员工拉近距离，打成一片。可是很多人见了上司就像老鼠见到猫，唯恐避之不及，一旦撞上了，便方寸大乱，支支吾吾脸红脖子粗。你尴尬，上司也尴尬。

想把自己的真实才干表现出来，让更厉害的人物知道，这是个难事。公司那么多人，表现得太明显，所有眼睛都会盯上你，甚至上司都会觉得你想鸠占鹊巢，麻烦就大了。

老高有了一个不错的想法，但受权限限制，他自己无法做主。在电梯里再度与上司不期而遇的时候，便随口讲了出来。经理听后给老高点了一个大大的赞。

老高建议："经理，要不然咱们把高层们请过来，在咱们部门开个座谈会？咱们部门这些小姑娘、小伙子都很有想法，可以给他们机会跟领导们接触一下，这不也显得咱们部门所有人都在为公司着想，以公司为家吗？"

经理心情大好，就这么愉快地决定了。当天下午，公司比较有实权的几位高层就来到了老高所在的部门。

开会时，老高作为方案的提出人，免不了要在经理之后发个言，由于他头一天晚上认真思考过这个问题，于是便有理有据地讲了怎么在经理的帮助和启发之下产生了这个想法，并且经过一上午的思考，又对这个想法有了两条补充性的建议。

在老高的启发和带动下，同事们纷纷脑洞大开，发言极为踊跃，现场气氛特别融洽。

会后，同事们都为能够得到这样一次在高层面前表现自己的机会兴奋不已，纷纷围着老高点赞，经理也因为出色的带队能力被老板夸奖了一番，心花怒放。老高得到了从上到下的一致肯定。

PART 05　　　　　摒弃无用社交，40岁努力让有效关系加速流动

可见，我们要设法接近对自己很重要的人，并创造欣赏：

1. 摆脱恐惧，主动接近；

2. 摸清状况，制造偶遇；

3. 察言观色，投其所好；

4. 恰当表现，不抖机灵，帮人抬轿，有福同享。

当然，在社交这个环节上，创造欣赏的方法还有很多，这里就不一一列举了。总之，睿智的人一定会创造种种机会，加深自己与重要人物的情感，多管齐下，不遗余力地将自己与重要人物的关系拉近。

要知道，重要人物的协助，可能胜过你单打独斗 10 年的努力。

提供有效价值，
让优秀的人主动靠近你

⋮
·

　　轿子，要有人抬，才能离地上路；人，也要有人抬举，才能活出个样。正所谓"花花轿子人抬人"。

　　有人享受孤独：孤独是一个人的清欢。

　　但孤独不是逃避责任的借口。

　　人，从来不是生而孤独的，而是生来就处在各种复杂的关系中，无论你喜不喜欢。

　　事实上，以什么样的态度、什么样的方式应对这些关系，决定了你在 40 岁以后的生活质量。

　　家里的一位表亲，20 年前毕业于北京师范大学，毕业后一心支援家乡教育，毅然决然地回到本市就业。

　　就才学和专业能力而言，他没的说，学生们对他的评价也很不错。但就是他清高得很，脾气又臭又硬，和同事们的关系都不太好，即使是一个教学组抬头不见低头见的同事，他也"冷眼向洋看世界"。一提起他，就连家长们都知道他的最大特点是不会笑，整天摆着一张扑克脸。

3年前，他们学校的教务主任调走了，局里开会决定内部提拔。

论能力，讲资历，他都是继任主任的不二人选，局领导和校领导也都是这个意见，然而，群众不干了，这个说不行，那个表示反对，理由一大堆，其关键指向极为致命——他这个人连同事团结都搞不好，怎么当领导呢？

引发了内部舆论，领导们也重视起来了，最后郑重开会商议——还是让另一位比较受大家喜欢的老师来接任这个主任吧，这样更有利于工作开展。

在人情社会里，懂人情的确能促进个人发展，正所谓"世事洞明皆学问，人情练达即文章"。

即便是能力超群的人，也离不开他的"十八罗汉"。

这个道理其实很浅显。

那么，要如何开放自己的朋友圈，让优秀的人主动靠近你呢？

我们首先应该明白，朋友圈是个以自己为圆心，以友好的关系为纽带，以互相帮助、互惠互利为目的、半径无限的圆圈。这个圈圈应该兼具道德性、广泛性、优质性、包容性，其容纳性越强，个中人擦出火花的概率就越高，有时候甚至朋友之间漫不经心的几句闲聊，都可以释放出提升你人生档次的难得机遇。

有了这样的一个朋友圈以后，接下来我们就要注意细节积累和深耕。

每个人都有自己的需求、自己的欲望、自己要解决的问题。

你只有把朋友当人看，才能交好朋友。

所以你应扪心自问，自己有没有因为自己的态度和方式有点自我感动呢？如果你自己都觉得是虚情假意，别人一定也会这么想。

要交到好朋友，相互欣赏是第一步，第二步则更为重要——要制造感动。

换而言之，要拥有共情能力，能够做到真正站在对方的角度上看需求。

你完全可以在家里演绎一场角色扮演的独角戏，把你要结交的朋友设定为客户，然后逐一分析客户需要什么、喜欢什么，我能为客户做些什么，我怎么样说话才能让客户印象深刻，怎样去做才能让客户欣然签单。

只要优化出这些关键问题，每一个人都能够成为你的"潜在客户"，是的，是每一个！

因为需求一定存在，这一点毋庸置疑，接下来就要看你能否制造感动。

那么，要怎么制造感动呢？

与人交往，如果别人比你优越，你还想挤进对方的朋友圈中，最好的办法就是付出，付出才有回报，这是亘古不变的良性循环。

当然，付出要谨守法律和道德底线，付出不一定要花钱，你的情感、你的时间、你的能力、你的温暖都可以在不经意间制造感动。

有了感动，接下来就好说了，你只需要去适应别人与你的不同。

在人际交往中，你与别人在三观、思维、能力、立场、眼界等方面一定会存在差异，在交流中必然会出现让你不适的状况，比如分歧，甚至是批评，这时候你的表现很关键。

与人交往需要有自我改变的决心和勇气，能坚决对自己不合理的社交模式和行为方式做出调整，当然，对别人不合理的行为也要予以必要的拒绝。

改变的最终目的是实现自我提升，以便更好地适应社交需要，这是一个 40 岁中年人应该具备的社交格局。

钝感力，
为人处世中的难得糊涂

·

·

人际交往中总会发生一些让人心中懊恼的事情，不是你得罪了别人，就是别人得罪了你，过后细思，往往又都是无心之举。

其实这种事情，如果无关原则，不伤大雅，打个哈哈，佛系一点儿也就过去了。

怕就怕有的人睚眦必报还自称刚正不阿，斤斤计较又非说自己是讲原则，这种性格刘劭在《人物志》中早就做过剖析。

刘劭认为，那些严厉亢奋的人，在法理方面可以做到有理有据，正直公平，但是缺乏灵活变通的一面，因而会显得暴躁，不通情理，如果用平常的道德观念来看待，这种人往往是违背常规不近人情的。

老话讲，人非圣贤，孰能无过，既然人都会犯过错，如果还要眼里容不得沙子，凡事都要争个是非对错，黑黑白白之间不给丝毫缓冲的余地，抓住鞭子就绝不放手，还能有朋友吗？

我们再做一个心理剖析：有错的人，知不知道自己有错？

答案是肯定的，他也许会对自己承认，但不愿意对别人承认，如果被别人不分场合直言不讳地指出来，更是恼羞成怒，有时即便嘴上不说，情感上也接受不了，格局小一点的，甚至会为了维护自己的面子和尊严，不露声色地给对方埋下地雷。

可见，在无关紧要的事情上，话不要说得那么明白，事不要做得那么绝对。

最好是采取另一种方式去委婉渗透。

一大早，陈妍来到总经理办公室："老板，昨天我们组提交的项目申请，您看过了吗？"

"什么申请？"老总觑着眼睛想了片刻，又在自己办公桌上下翻找一遍，最后反问道，"你们提交申请了吗？我怎么不记得？"

这事要换作刚毕业那会儿，陈妍一定会据理力争："老板，我昨天肯定把文件上报给您了，我亲眼看着您的秘书把它放到您的办公桌上，这一点秘书可以做证！您是不是给当成废纸丢掉了？"

但是几年过去了，她早已不是那个横冲直撞的毛丫头了。

陈妍记得刚毕业那会儿，大学室友曹菲喜迁新居，她走进曹菲的新家，一眼就被大落地窗上美丽的窗纱吸引了："太漂亮了，一定很贵吧！"

曹菲一脸郁闷："是啊，花了8000多呢，我两个月都要吃泡面了！"

"什么，8000！"陈妍瞪大了眼睛，"商家太黑了吧！你可真是一个冤大头！"

"也不能这么说，你看，这材质多好，一分钱一分货。"

"什么材料我看看……嗨，不就是聚酯纤维吗？我还以为是天蚕丝呢！挂上这个窗纱，还能促进睡眠吗？"陈妍嗤之以鼻。

"我自己花钱买的，又没向你借钱，你管它贵不贵呢？"曹菲终于忍无可忍。

二人就这样你一句我一句地呛了起来，最后不欢而散。

曹菲当然知道自己不该如此任性冲动，葬送姊妹感情，但被别人点破就是另外一回事了，那言外之意就好像被指着鼻子训斥："你真是个笨蛋，买个东西都能吃亏上当。"

别说什么"为你好"，这本质上就是一种冒犯，换作谁都会气愤不已。

在接二连三吃过几次类似的亏以后，陈妍终于想明白了，也变聪明了。她对老板微微一笑："真不好意思老板，最近组里事太多，可能是我记混了，我回去再找找！"

陈妍回去直接从电脑里调出文件重新打印了一份送了过去："老板，果然是我记错了，麻烦您看看我们这个项目申报有没有问题，我们这边时间有点紧张。"

老总接过文件，只是大致看了一下，便连连点头，大笔一挥，爽快地签了字。

人际交往中，谁是谁非真的没有什么深究的必要，争赢了又如何？争一口气，丢一份际遇而已。

有道是"泰山不让土壤，故能成其大；河海不择细流，故能就其深"，真正厉害的人物都知道"糊涂"的重要性，故而不会去犯那种"水至清则无鱼，人至察则无徒"的错误。

　　谁更善于交朋友，谁更懂得包容和使用人才，谁就能够在现代竞争中脱颖而出。

　　人到四十，应该可以想明白"难得糊涂"的道理了。

摆脱之前的社恐，
不停结识让自己更厉害的人

·
·
·

里昂是美国加利福尼亚州人。

16 岁时，他便决心要做出点儿事业。17 岁时，他当了小镇铁路管理所所长。

后来，他先是在西部合同电信公司任职，接着成为俄亥俄州铁路局局长。

当儿子开始上中学时，他给儿子的忠告是："在学校要和一流人物交朋友，有能力的人不管做什么都会成功……"

厉害的人社交总是指向一个方向——向上。

也就是说，他们总是去有意结交比自己更厉害的人，虽然交朋友不分贵贱层级，但向上社交是长足进步必不可少的环节。

第一，结交比自己更厉害的人，能够使自己的能力得到提升。所谓更厉害的人，一定在事业、学术或某一方面有所建树，强过我们起码一截。

和这样的人交往，有助于我们接触更广泛的信息，领悟更深邃的思想，提升我们的认知，锤炼我们为人处世的艺术。

同时它也是一种刺激，使我们羡慕又嫉妒，由此产生赶超对方的欲望，这是一种正向激励。

第二，结交比自己更厉害的人，有助于我们扩大良性人际关系网。

通俗地说，"物以类聚，人以群分"。优秀的人身边一定有优秀的朋友，以对方为媒介，我们便有可能认识更多更厉害的人物，你想想，这是多大的一笔财富？

第三，结交比自己更厉害的人，背靠大树好乘凉。优秀的人物往往掌握更多的资源，能够先我们一步觉察到机会，也拥有更多的能量抓住机会。

与这样的人同行，可以使我们在竞争中获得更大优势，能够缩短我们实现财富自由的时间。就算你淡泊名利、随遇而安，也不能保证自己以后不会遇到麻烦。

诗人徐志摩7岁的时候就在诗词方面表现出了非凡的造诣，到15岁时又突破桎梏，突飞猛进。

他想拜梁启超为师，但梁先生这样的人物不是谁想攀关系就能攀得上的。徐志摩一时也一筹莫展。

一次闲聊中，他得到消息，自己的表舅竟然就认识学界巨擘梁启超。

这真是"踏破铁鞋无觅处，得来全不费工夫"，徐志摩连忙央求表舅，帮自己引荐一下，最终得偿所愿。

可见，一个人要想突破生活的界限，获得更好的发展，就要主动打破现有的圈子，给自己找到更好的福利圈。

美国斯坦福大学教授马克·格兰诺维特博士一直致力于解读人际关系及其回馈效益，以就业为蓝本，就社会关系中的强关系和弱关系做了一项调查研究。

这里需要解释一下，所谓强关系，就是你与你的熟人，包括你的亲人、朋友、同学、同事、上司等构成的人际关系，你们在一个生活圈中经常有交际，彼此关系相对亲密，相互之间的磁性较强。所谓弱关系，是指你生活之外的人际关系，比如你亲戚的远房亲戚、朋友的其他朋友、同学的另外同学、同事的前同事等，在生活中与你很少有交际，可能只闻其名未见其面的人。

格兰诺维特博士经过研究指出，虽然强关系是我们生活活动的基础，是社交的基本盘，但对于个人发展而言，弱关系的作用反而更大。

也就是说，能够真正帮到你的不一定是熟人，反而常常是圈外人。

格兰诺维特博士就发现，寻求熟人帮助就业，只有 17% 左右的人得偿所愿，而超过 50% 的人借助的是外力，多数创业者在事业的初始阶段，都是寻求到了外部援助才得以一锤定音。

如果你本身状况就不够好，你所处的圈子一定力量有限，那么就要走出圈子，去寻求圈外帮助，这对于亟须改变现状的你而言，是当务之急。

但事实上很多人特别害怕"出圈"，更害怕向上社交，人们将其归咎为矜持、害羞、紧张、社恐、清高等，反正总是能够给自己找到一个理由。

然而究其根本，不过是人的一种惰性而已。

我们长期熟悉并适应的生活圈能够给我们带来足够的安全感，这个圈子可以为我们的生活提供基本资源，用以应对日常生活的普遍情况，我们对圈子里的人非常信任，并对这种生活模式和社交模式形成盲目依赖，由此潜意识中不愿做出改变。

因为一旦改变，就意味着自己要投入更多去盘活资源，此外，还要承担被其他圈层轻视并拒之门外的风险。

有时候我们觉得自己无法匹配那种高端局，所以我们自诩享受孤独。

事实上这不过是对自己怯弱的一种慰藉，因噎废食而已。

向上社交对于很多人来说的确是一种挑战，但有挑战你就不尝试了吗？倘若 40 岁仍然壮志未酬，那就不应该再有这种爱惜羽毛的顾虑。

因为一家老小的高质量生活，需要你去结交更优秀的人。

至于向上社交的技巧，请从本章第一节开始，再细品一遍。

PART 06

财富自由要靠思维通透，
40岁以后学会让银子滚雪球

要想自己的财富不同寻常，

你就要想他人之不能想，

这种尝试虽然可能会失败，

然而一旦成功就会获得爆发式回报。

失败了还可以东山再起，

但不尝试，

40岁以后你就真的把自己活成一潭死水了。

收入与支出，
如何拿捏平衡比

.
.

.

月初开工资，还没到月末，就没剩下一文。

孩子画画有天赋，可是报班没有钱。

捉襟见肘，为基本的家庭开销发愁的人有时会慌不择路，采取各种方式救急，比如刷卡。

美国有位叫玛丽的女性为了提高自己的生活标准，坚持向中上层社会看齐，非常潇洒地刷爆了自己的信用卡，结果刷完以后没钱还了。

在美国，人们宁愿破产也不愿意成为老赖，因为破产你还有翻盘的可能，成了老赖，连生存都会出现问题。

美国法律对于信贷也采用信用积分体系，和我们这边大同小异。

但在美国，如果你欠账不还，不仅出行受到限制，你到银行也只能办理最基本的业务，看病同样也会被区别对待。由于失去了信用，找工作也是上天无路，入地无门。

而且，更要命的是，身边的人会看不起你，对你望而却步。你将受到从生活到医疗再到社交的全方位打击。

让你全身凉透的是，那些冷血无情的讨债公司和道貌岸然的律师会接踵而至。这些人的手段非常恐怖，他们会时刻紧盯着你，你获得的每一笔收入他们都有办法合法取走，因为他们的佣金就是从中抽取的，其积极性和执行力高到超乎你的想象。

如果在你身上实在榨不出钱，那就只好委屈你去监狱走一遭了。

"这太可怕了！"玛丽想到自己即将面临的种种恐怖遭遇，忍不住打了个寒战，结果这个寒战让她灵光一闪——我为什么不能自救呢？

说干就干，她着手建了个网站，主题叫"请大家救救玛丽"，呼吁全世界的网友给她捐钱，用了3个月时间一共筹集到了1万多美元的善款，总算完成了自我救赎。

但玛丽的做法并不值得效仿。事实上在我们这里，做网络乞丐不被骂得体无完肤就不错了，还想筹款？大家都在十分努力地改善生活，谁有闲钱为你的高调奢华埋单？

所以，有钱没钱，看你自己。

当前，在我们的社会结构中，40岁这个年龄段的大部分人，收入都不是特别高，但家庭负担却很重，不仅有双方的父母需要赡养，还有正在上学的子女需要大笔支出，作为家庭的中流砥柱，把控好财政问题就非常有必要了。

巴菲特曾说过："家庭的第一核心，永远是经济而不是感情。"可见把握好家庭财政的重要性。

以我家的账单为例，虽然感觉两个人赚得也不算少，然而每个月的结余都不多，一方面，房贷、车贷占了很大比例。另一方面，两个人都不太懂得克制，一个喜欢买买买，另一个喜欢周末喝两口，陪孩子逛街，看到喜欢的毫不犹豫就买下来。虽然每一项都是小钱，看起来无关痛痒，但最后就是聚沙成塔。

这样的状态持续了一段时间，一家人坐在一起总结了一下原因，发现是由于一直使用手机支付，对于花钱没有实质性的概念，以致花钱的计划被破坏，一不留神就超支了。

要解决这个问题，当然不能停止使用手机支付，现在大街小巷到处都在用，不用的话的确很不方便。

为了开源节流，只好恢复刚结婚那会儿养成的手动记账习惯，虽然有点麻烦，但胜在更有实效。

我们是这样达成一致意见的：每月两个人领到薪酬后，往固定的基金账户里存入 5000 元，剩下的钱作为本月家庭开销。

如果这个月的开支超出预算，就把非刚需性购买挪到下个月，当然，如果出现可预见性的大额支出，也可以根据现实进行合理变动。

正常情况下，全家人必须按照总的方针进行财务分配——收入必须大于开销，这是做到财务平衡的前提条件。

事实上，不管你是月收入 3 千元还是 3 万元，只要依据自己的收支做好计划，都能做到财务平衡。

当然，财务计划不能只注重于当下，也要给未来的生活做好规划。

倘若我们不想在某一天陷入求告无门的危难境地，那么未雨绸缪，提前规划，是非常有必要的。

目前我们的做法是：每个月务必给孩子存 2500 元的教育储备金；给各自的父母在居民医疗保险之外再购置一份合适的商业医疗险；各自设立一个养老账户，每个月给自己存入 1000 元养老金。

倘若将来收入上涨，再以合适的比例调高子女教育和养老账户的储备金额。

不过以目前的情况来看，自己的收入似乎只能维持衣食无忧，远达不到岁月静好，那就继续努力吧。

40岁
  是新的20岁

抓住几大要点，
保险也要买得保险

:

.

保险是指投保人根据合同约定，向保险人支付保险费，保险人对于合同约定的可能发生的事故因其发生所造成的财产损失承担赔偿保险金责任，或者当被保险人死亡、伤残、疾病或者达到合同约定的年龄、期限时承担给付保险金责任的商业行为。

毋庸置疑，保险公司创办的本质是盈利，绝不是为了做善事，然而基于信约精神，在买卖双方均无欺诈，正常履行合同的前提下，保险的确能给自己和家人的人身和财产提供一份保障，也是减少意外事件带来损失的一种有效方式。

讲到这里，很多朋友估计已经开始扔砖头了。

原因不外乎以下几点。

第一，保险是买了，可是几年甚至是十几年也没有遇到状况，而且这时间也没有收益，感觉是在白白拿钱养活保险公司。

第二，小毛病用不上保险，大病不一定会找上自己，留下钱傍身不是更好吗？

事实上，这是一种侥幸心理。

第三，很多业务员的推销方式的确容易让人产生不适感。

但我们不能因此就将保险这一投资理财方式全盘否定，事实上在现行状况下，我们多数人的生活就像一个瓷娃娃，对于风险的抵御能力几乎可以忽略不计。

人吃五谷杂粮，生病在所难免，环视我们身边，重病并不少见，这个时候，保险的作用就体现出来了。

第一，它可以帮你支付一部分甚至是大部分费用，能够在合同允许的范围内最大限度地帮你缓解资金压力，减轻经济负担。

第二，它可以使你的生活在遭遇病患或是灾难以后，仍有可回旋的余地，从而不至于一败涂地。

从这个层面上讲，保险可以称为一种短期内看不到回报，但遇到重大问题时能够力挽狂澜的长期投资。

当然，与其他投资一样，购买保险之前，你需要掌握必要的保险知识。

第一个知识点：别看品牌，看实效

有的朋友购买保险之前可能会有这种担心：保险公司破产了怎么办？我的合同会不会烂尾啊？

事实上这种担心大可不必，在我国，保险公司成立的条件相当苛刻，不仅要求股东们具有强劲可靠的经济实力，而且必须有良好的信誉和持续盈利能力等，而且银保监会对它们进行长期监管，一个季度一审。

如果保险公司真的出现了问题，相关部门会及时插手，保险公司倒闭的概率可以说微乎其微。

即使保险公司真倒闭了，银保监也会指定其他保险公司对倒闭公司的保单进行接管，继续履行保障和赔偿义务，保证不会出现烂尾。

所以，购买保险，不要迷信公司越大产品越好，我们首先要看的是保障是否全面，性价比够不够高。

第二个知识点：根据个人实际情况，选择合适的保险险种

通常情况下，保险公司都会根据人们日常生活中的六大类需求来设计保险产品，即投资、子女、养老、健康、保障、意外。

我们在购买保险之前，最重要的一点是，先确定自己的保险需求，根据自己的需求主次进行排序，优先考虑最需要的险种。

A 女士 37 岁，年收入 15 万元，房贷车贷每月共计 3000 元，孩子今年 7 岁。她和老公商议，准备给孩子购买一份保险。

优秀的理财顾问会告诉你，如果已为孩子投资教育金，再购买一份综合性意外住院医疗险，基本包含绝大多数意外医疗事故的报销，就可以抵御孩子成长过程中的经济风险了。

如果是家庭保险，那么抛除私心，客观地说，谁是这个家的家庭支柱，就为谁买保险，当然，最好再搭配上一份重大疾病保险，这是家庭未来计划的最优保障。

当然，具体情况需视家庭经济情况而定，经济条件好的，每个人

都买一份也并无不可，总的原则是，保费最好不要超过家庭年收入的 20%，否则，将会影响家庭收支平衡。

第三个知识点：详细解读条款，关注"保证续保权"

　　B 女士 40 岁，生活与工作均处于稳定状态，她在 3 年前给自己买了一份为期 20 年的寿险，并附加一份个人住院医疗保险。今年 6 月，B 女士查出患有再生障碍性贫血，经过住院治疗和后续调养，病情已经得到了有效控制，所产生的医疗费用也及时得到了赔付。

　　然而在几天前，保险公司发来通知函，告知 B 女士，鉴于 B 女士当前的身体状况，公司将不再与其续签附加医疗险。

　　B 女士为此非常不满："我买保险就是为了有一个长期保障，你赔了一次，就不让我买了？"

　　事实是，虽然她投保的主险是长期产品，但附加的医疗险却属于消费型 1 年短期险种，对于附加短险，保险公司的确有权不接受续保。

　　所以在购买保险前大家一定要仔细阅读条款，保险公司的医疗保险产品非常多，有些险种规定只要在约定期限缴纳约定的保费，即可获得合同规定范畴内的终身住院医疗补贴保障，但某些险种就和我们的居民合作医疗保险一样，属于消费型险种，每年一投，投一次保 1 年，对于这种保险，就一定要确认有没有保证续保权。

顺势而为，
普通家庭的理财投资策略

∶
·

投资是个技术活，而且这项技术没有人可以做到臻入化境，万无一失，即使是巴菲特也曾马失前蹄过。

然而，现实生活中，很多人就是喜欢"造神"，对一些行业翘楚顶礼膜拜，好像他们真的能掐会算，可以准确预测出大盘和个股的具体点位或价位。

事实上，他们也只能根据自己无数次失败或成功的经验，对市场做个大致判断而已。

而那些大师级别的投资者，他们更关注的是大趋势以及股票本身的性能，不会去研究股市在短时间内的变化。

巴菲特其实早就告诫过投资者："永远不要预测股市，我从来没有见过能够预测股市走势的人。预测在投资当中不会占有一席之地。事实上，只有人的贪欲、恐惧和愚蠢是可以预测的，但后果不堪想象。"

当然，你可能预测对过，或者见到别人预测对过，但不客气地说，只是运气好而已，不可能是常态，否则，肯定里面有问题。

以下为一些相对经典的投资原理，如果你能领悟了，虽然不能保障你在投资市场大赚特赚，但应该可以在一定程度上帮助你避免损失，甚至略有盈余。

1. 洼地效应

中国有句老话"水往低处流"，资金也是如此，这就是经济学理论上的"洼地效应"。

通俗来说，就是某一领域投资环境质量高，政策优渥，就会形成强劲的竞争优势，资本的趋利性，会促使资金源源不断地流向这个领域。

比如，我国社会人文环境好，政策先进优质，人力资源丰富，市场具有巨大投资潜力和发展空间，我国在全球经济中就会产生"洼地效应"，也就是说会吸引来国际投资者，导致外来投资持续增加。

这样一说，是不是很容易理解了？

那么对于小投资者而言，如何才能在复杂的投资市场上找到真正的洼地，从而获得丰厚收益呢？

以下为几个要点。

（1）如果发现某实体企业产业方向和营业业绩基本处于长期稳定状态，每股业绩起码在 1 元以上，受经济危机冲击非但没有奄奄一息，反而能坚守阵地东山再起，其股票一般便是一个"洼地"目标。

（2）一直没有多少关注度，没有被爆炒过，属于可持续发展的永恒产业，关乎国计民生的股票，比如粮食概念股就具备上述条件，可将其视为一块有潜力的"洼地"。

（3）国家规范扶持产业，如新能源板块，真正做到生产与科研结合，符合全人类利益和发展方向，这样的投资可能短期收益不高，但很适合做长远投资布局。

2.安全边际

安全边际，说白了就是股价安全的界限，最早由证券投资大师本杰明·格雷厄姆提出。

必须说明的是，安全边际并不能保证你不赔钱，但是，谨守安全边际，可以保证你赚钱的概率更高。

安全边际就是把商品的实际价值打个折扣，并没有固定值，至于安全边际是大还是小，则需要看折扣的大小。

举个例子。

一座桥在建造时的最高载重量是 50 吨，通行时只允许 25 吨的车通过，那么这个 25 吨就是安全边际，也就是说，给安全留出余地，万一出现突发状况，也能够在一定程度上有所保障。

投资的安全边际也是如此，我们不可能对一个商品或行业做出精准预测，那么安全边际起码能为我们兜一部分底。

比如一家企业在运营时出现了问题，我们觉察时为时已晚，但只要我们在投资时守住了安全边际，起码不会赔得太惨。

至于为什么会让我们赚钱的概率更高，答案很简单，因为买入的价格较低。

举个例子，一只股票从 2 元飙到 12 元，内在价值是 4 元，你在 2 元时购入，老高在 4 元时购入，老王在 6 元时购入，那么你就有了很大的安全边际。

这只股票涨到 12 元时，你赚 5 倍，老高赚 2 倍，老王则赚 1 倍，这是个不错的结果。

如果股价从 12 元回落到 6 元，那么你赚 2 倍，老高赚 50%，老王赔钱。

然而，有了安全边际，也不一定就不会赔钱，这还要看这个行业有没有成长性。

比如你当初买了一只寻呼股，有很高的安全边际，然而现在连寻呼台都没有了，自然也就无安全可言了。所以安全边际的前提是，这个行业起码在一段时间内可持续发展。

事实上，你这一生并不需要每天都去做投资做交易，倘若你有闲置资金，不妨耐心等待，根据市场规律，不需要特别长时间，就会有一个高安全边际出现。

3. 二八定律

这个定律非常容易理解，通俗来说就是，别把鸡蛋放到一个篮子里。

当然，多放几个篮子也不是化解风险的好方法，因为目前市场上存在很多同质的理财产品，你把 10 个鸡蛋放在 10 个同质理财产品的篮子里，所面临的系统风险是一样的。比如说你买了债券，又投资了债券基金，那么一旦债券市场出现大波动，你的两个投资都会出现问题。

所以记住，投资不要只关注收益率，而应该对理财产品进行全面细致的分析，尽量将 80% 的鸡蛋放在 20% 牢靠的篮子里，不要看到某个类别产品收益高，就扎入这些同质商品中反复投资，这样做反而会加大风险指数。

大家需要明白的是，在资本市场上，任何一种理财产品都存在一定风险，往往是风险与收益成正比，收益越高，其发生信用危机的可能性就越大，其高收益背后，是对你愿意承担风险的补偿，你有可能赚很多，也可能赔得很惨。

另外，一些违规商品，其标榜的收益也会高得离奇，比如 P2P。

4. 杠杆原理

杠杆原理用在理财上是这样的：比如你有 1000 元，市场允许你做 1 万元的投资，那么这就是 10 倍的杠杆；如果你有 1000 元可以做 10 万元的投资，那么就是 100 倍的杠杆。

比如你买了一栋价值 200 万元的房子，首付花了 40 万元，便等于你使用了 5 倍的杠杆，如果房价涨 10%，你的投资回报将达到 50%；如果你的首付是 20 万元，那么杠杆变成 10 倍，如果房价涨 10%，你将获得一倍收益。

所以说，如果撬动杠杆，赚钱是非常快的。

当然，赔钱也是非常快的。比如你使用5倍杠杆，房价跌10%，你将损失50%，倘若你使用10倍杠杆，房价跌10%，你的本钱就全部赔光。

我们中有些人看到房价和股价上涨，就恨不得把杠杆加到100倍使用，赶上行情好，确实可以一本万利，一夜暴富。但行情下行的时候，如果没有及时出手，下场也将非常凄惨。

所以使用杠杆原理，其核心就在于，成功与失败比——如果赚钱的概率极大，你有能力加到多大杠杆，尽可以加，因为你很快就可以实现财富自由了；如果失败的概率与成功旗鼓相当，甚至略胜一筹，也不是不可以投资，但最好就不要使用杠杆了，因为一旦失败，后果你很可能承担不起。

逆向创富逻辑:
往人迹罕至的地方走

$$\vdots$$

2013 年,一位来自得克萨斯州的男性对世界级品酒家罗伯特·帕克进行了声泪俱下的控诉,其遭遇十分令人同情。

原来,几年来,这位先生都将罗伯特·帕克的评价作为购买葡萄酒的依据,直到几年以后,一次偶然的机会喝了超市中的便宜葡萄酒。

他深恶痛绝地表示自己被罗伯特·帕克误导了,导致自己十几年都没有喝到喜欢的葡萄酒,而且浪费了很多精力和金钱。因此,他不仅要罗伯特·帕克赔偿自己的物质消耗,还要他赔偿自己的精神损失。

事实上,很多人都迷信权威,只要是权威强调的,就不假思索地奉为金科玉律。

这是因为未知会让人们对不可预见的事情产生不安感和恐惧感,人们害怕失去已有的东西或者错过获取某些东西,而执着于利益则会让人失去判断力。

正是利用人性中的这一弱点，有些人把专家或权威商业化，动不动就杜撰一些理论，然后给商品打上权威的标签，借助权威的影响力和公信力为自己做代言。比较典型的就是明星代言，比如代言二手车、代言某些投资项目。

其实，只要保持冷静客观，人们就很容易独立思考，认清利弊，然而由于成长环境等因素，普罗大众被诸多宣传造势扰乱了思维，对自己不自信，反而唯别人马首是瞻，很多事情可能自己想到了，但不确定、不确信、不敢尝试，偏偏要跟在别人身后。

这种现象又被称为"毛毛虫效应"，在领头虫的带领下，周而复始地绕着瓶颈转圈圈，直到累死都不自知。

网络上有个大 V 经常发文谈论投资见解，评论区经常有人问她该不该购买自己看中的某款理财产品，可不可以投资某个领域，要不要抛出自己持有的某只股票。

这位女士的表现非常让人赞赏，她始终只发文章表述自己的理解，对于类似询问，并不正面答复，从来不会发表明确或指示性的言论。

因为她知道，投资及其预判本来就是一种博弈，她可以客观分析一个行业的潜力，但无法精准预测市场走势，事实上，没有人有这个本领，尤其是在波谲云诡的大 A 市场。

所以，不要迷信权威，要转而汲取和汇总各方面的信息，但不要以别人发表的信息为准绳，起码要有自己的思辨能力。

从投资的角度来说，即便某个行业的趋势已经很明显，但挣钱的往往只是"敢吃螃蟹"的那部分人，跟风的结果只能是比别人慢几拍，到最后投入越来越高，收益越来越少。因为资源就那么多，没有人会跟你平均分配，头部占了大份额，蛋糕越分越小，竞争越来越激烈。

这就好比路上有一块金子，有人走过去捡到了，你听说了，带着全家老小去那条路上流连忘返，什么都捡不到不说，回家每人还要多吃一碗大米饭。

事实上，你别看那些企业家在做公众演讲时将自己的成功经历和经验说得头头是道，然而没成功之前，其实他也不知道这条路能不能走得通。

无数的创业者用亲身体验给我们总结了这样一条经验：有阳光的地方，未必一定通向成功，角落里的路，也未必不是捷径。

微软前副总裁李开复在国外攻读博士时，从师语音识别系统权威人士罗杰·瑞迪。当时，人们已经意识到人工智能的广阔前景，而罗杰·瑞迪正是这方面的专家，可以说李开复的前景一片光明。

但是李开复却突发奇想，他想用统计算法研究语言识别功能，罗杰·瑞迪是位不错的导师，他告诉李开复："我不同意你的看法，但我支持你的方法。"

有了导师的默许，李开复开始在实验室进行自己别出心裁的探索。那时候，他每天都要工作15小时以上，一直持续了3年半左右，努力之下，李开复成功把语音系统的识别率从原来的40%提高到了80%。后来，李开复又将识别率进一步提高到了96%。

这个系统直到李开复毕业多年以后，都还一直蝉联着全美语音识别系统评比冠军。

诚然，人工智能的确是大势所趋，前景一片光明，但你有没有留意它周边的角落呢？

做任何事情没有一定之规，学习、投资、创业、工作，皆是如此。

活到了 40 岁，积攒了那么多人生经历，我们应该磨炼出一种见别人之未见、行别人之未行的敏锐感，以及独辟蹊径的能力、胆力、魄力。

给大家分享一些开拓思维的方法，它们可能会对你的生活有所帮助。

1. 还原分析

当你遇到难题时，不要钻牛角尖，先放空自己的大脑，然后回到问题的原点，从这里寻找，看能不能另辟蹊径。

比如以前人们在探索矿藏时，发现金、银矿区的忍冬藤长得特别好，而如果地下有铜矿，野玫瑰就会呈现蔚蓝色。于是，人们开始根据地表植物参数分析地下物质，这在很大程度上减少了钻探的盲目性。

2. 缺陷并不一定都是坏事

有时，缺点也可以成为卖点。

有一家钟表厂承认：我们生产的钟表并不是分毫不差，24 小时转下来，它会出现一秒钟的误差。令人意外的是，该厂的产品非但没有滞销，反而成了抢手货，原因就在于其真诚的态度赢得了顾客的信赖。

3. 开发功能性

一件物品，它被定义的功能只是它的表象，它还有隐藏功能。比如，快餐盒用完别扔掉，在底部剪个洞就是简易花盆，连托盘都带了。多年前 3M 公司有一名职员，觉得办公用纸扔掉太可惜，于是研究了一下，粘贴式便条纸便出现了。

4. 反着来

简言之，就是反向思考。

比如，打高尔夫球虽然是一项非常好的运动，但这项运动对草坪要求很高，建设成本极大，一般人消费不起。

有人考虑到工薪阶层的运动需求，发明了身上带"草"在水泥地上就可以打的高尔夫球，为工薪阶层创造了福利，当然，市场也给予了他极大的回报。

可见，想他人之不能想，这种尝试虽然可能会失败，但一旦成功就会获得爆发式回报。失败了还可以东山再起，但不尝试，40 岁以后你可能真的把自己活成一潭死水。

"1+1 > 2"，
和互补型合伙人共同创业

．

．

一个人很难把自己的项目做大，我们没有那么多精力照管整个团队，也可能看不到自身的盲点。

所以，有人在你身旁为你分担压力，帮你照管家业（团队），及时指出你的错误，与你一起推动项目前进，就非常重要。

有一项网络问答征询网友们创业失败的原因，有 70% 左右的人认为，自己之所以创业失败，一部分原因是找了一个不靠谱的合伙人。

武东福曾是湖南省双十佳优秀民营企业家。

20 世纪 80 年代初，国防某部门搞乳化炸药承载体实验，专家请了不少，但效果不太好。

小学毕业的武东福听到这个消息后主动请缨，然后就把这个诸多专家学者齐心协力没有办成的事情给办成了。

武东福瞬间成了红人，电视有影，广播有声，连央视都为他做了专题报道，借着这股热度，武东福办了停薪留职，三十出头开始创业，年届四十，成为湖南省第一个百万富翁。

饮水思源，先富起来的武东福在大力回馈社会的同时，开始全力扶持从农村走出来跟自己创业的那帮兄弟。

他接连成立了十几家分公司，好兄弟一人一家，大有楚霸王分封诸侯的气势，这些公司的盈利全归自己，每个兄弟只需要向总公司象征性地缴一点管理费。

为了照顾这些兄弟的面子，武东福的企业从未招聘过一名专业管理人员和大学生，武东福不是不懂人才的重要性，而是害怕那些高学历的人进来以后，会看不起他这帮没文化的兄弟。

他的那帮兄弟一开始还按规矩办事，后来越有钱越自私，慢慢把缴管理费的方式变成了打白条，反正武东福也不好意思要。

非但如此，他们还请求武东福借助自己的名气帮他们做担保，搞贷款，在社会上毫不吝啬地做善事。因为毫无原则地扶持朋友，武东福的企业在火过几年后，很快就陷入了债务缠身、资金周转困难的窘境。

从武东福公司的账簿上可以看到，1999年，武东福名下公司总产值为7933万元，但总公司利润却只有159.8万元。而分公司的贷款却都算在总公司头上。

屋漏更逢连夜雨，这时候武东福又因为一张别人抵债到公司的虎皮触犯刑法，等他几个月后接受完调查和处罚出来，十几家分公司、昔日的好兄弟大部分已经作鸟兽散，只有两家分公司的负责人在等着他，希望与他一起东山再起。

面对此情此景，武东福心灰意冷，他将公司全部遣散，与妻子办了离婚，40多岁便过起了彻底躺平的生活——每天什么事都不干，在妹妹家吃饭，住在公司旧址的地下室里，抽烟甚至都要靠朋友接济。

用武东福的话说，他人虽然苟活于世，却如行尸走肉，灵魂不知去了何处。

一个人，可以成就你；一个人，也可以毁掉你。遇到对的人是一生的确幸，遇到错的人是这辈子的灾难。

从某种程度上说，找合伙人就和找另一半差不多，你需要客观斟酌彼此是否合适，是不是能够互补。倘若选错了人，又不能及时抽身，这段关系就会拖垮你。

很多创业者都是没有仔细研究过合伙人，脑子一热就匆忙做了决定，结果成了武东福第二。其实他们原本可以再寻一寻，觅一觅，因为生活原本可以有很多选择。

如同发展一段私人关系，甄选合伙人时，我们必须多方面考虑，不仅要考虑大目标上彼此是否具有相同的价值观，专业领域是否互补，甚至还要在金钱、工作和生活诸多方面做好平衡，只有彼此达到高度契合，我们才能专心做好自己喜欢而且擅长的事情。

当然，这一切的前提是我们要看清自己，客观地看待自己的三观以及个性，列出自己的全部技能和经验，这样你才清楚应该找一个什么样的人来帮助你将创业的利益最大化。

一般而言，高度契合的合伙人，应该具备以下特点。

1. 大方向一致

价值观一致，拥有共同愿景，有大局观，愿意一起挑战困难承担风险，始终把团队利益放在第一位，相信并支持对方的决策。

这是合伙创业的首要条件，比如团队刚挖出第一桶金，你想趁着风势扩大规模，对方却想先分钱，这个团队直接就会搁浅。

2. 能力互补

各自具有优势能力，有独当一面的魄力，可以在自己擅长的领域披荆斩棘。

老张是某国企的技术型人才，算不上缺钱，但也称不上富裕，车、房都有贷款，最主要的是，已经迈过了 40 岁，在单位依然无法才尽其用，找不到人生的意义。

2018 年，老张下海创立了自己的第一家公司，专门为数据中心管理提供解决方案。他确实有技术上的优势，但多年以来一直在做一个沉浸式的技术研发者，可以做一个很优秀的首席技术官，却不是当 CEO 的料。而且，他为人沉稳有余，锐气不足，不能将团队里的年轻人的朝气带动起来。

于是，老张果断给自己找了两个伙伴，其中一个是拥有丰富企业管理经验的领导者，另一个是具备丰富市场营销经验的年轻执行者。三个人各司其职，相得益彰，很快就将公司做了起来。

3. 认同共同规则并能够遵守规则

一个团队在正式进入合伙经营以后，一定要把决策权、分工、股权、期权及分红比例、退出机制等约定好，决定要合同化，同时定下具体标准：战略谁拍板，业务谁负责，公司发展到什么阶段、在什么时间节点、拿出多少份额的红利，奖励合伙人以及团队。

另外，股权分配一定要避免5：5或3：3：3，总之，要把细节做到位，最大限度地规避内部风险。

4. 如果有可能，最好找到资源互补型合伙人

比如你的团队从事企业金融服务，那么你可以与教育培训型企业合作，你们的业务和主推产品虽然大相径庭，但客户大体一致，完全可以做到资源共享，通过合作，双方都能进入对方的产业体系，互相助力，能够不断扩大双方公司的经营范围。

5. 找比你更优秀的人合作

站在巨人的肩膀上你更容易飞起来，但前提是，你自己要有让别人看得上的核心竞争力，你的价值要足够吸引人，否则别人不会为你做善事。

至于要不要与最好的朋友合作，只能说，看彼此是否互补吧。

半熟家庭的伤痛与疗愈，
40 岁别放弃敢爱敢恨的自己

我们总是习惯给爱情贴上各种各样华丽的标签，

却忘了撕开梦幻的包装后它本来的样子。

真正的爱情是平淡生活中生病时的照料，

低谷时的鼓励和开解，

是面临危险时义无反顾地站在你身边的忠诚与担当。

同床共枕然而置身事外，
爱情也要同理心

.
.
.
.

想当年恋爱的时候，怎么看对方都觉得那么顺眼，甚至一会儿不见，就甚是想念。

然而结了婚以后，关上围城的那扇门，人还是同样的人，却越看心越乱，相看两厌。

假如偏偏对方又时常违背自己的意愿，或者经常不自觉地犯一些小错误，刻薄的话张嘴就来，碰到个吃软不吃硬、脾气火暴的，家里自然而然就成了硝烟弥漫的战场。

于是，婚姻这座城，成了抱怨不止、突围不出的牢笼。

女人抱怨男人对自己不够关心，抱怨他陪自己的时间少；抱怨男人家务做得少，不知道心疼自己；抱怨子女接受的是丧偶式哺育。并由此总结出一个自己特别相信的定论——他不爱了。

男人也是牢骚满腹：我拼命赚钱，不就是为了她和孩子能够过上更好的生活吗？在外面累得半死，回家还要听她唠叨，真是太烦人了！

矛盾因此越积越深，隔阂越来越大，很多夫妻到了40岁以后，便同床异梦，形同陌路，坚定地认为自己是婚姻中的唯一受害者，唾沫星子迸射的都是扎心的火花。

《诗经》里的《女曰鸡鸣》一章就描述了一夫妻之间的对话，内容如下：女曰鸡鸣，士曰昧旦。子兴视夜，明星有烂。将翱将翔，弋凫与雁。弋言加之，与子宜之。宜言饮酒，与子偕老。琴瑟在御，莫不静好。知子之来之，杂佩以赠之。知子之顺之，杂佩以问之。知子之好之，杂佩以报之。

翻译情境如下。

外面三更鸡叫，老婆喊老公起床：亲爱的，快起床去工作，鸡都叫好几遍了。

男子想赖床：我不，我还想睡一会儿，天还没亮呢，你看外面，一闪一闪亮晶晶，满天都是小星星。

女子没有发火，而是温柔以告：老公，我看到野鸭和大雁都起飞了，早起的男儿有肉吃，你快去打猎吧。等你晚上带着猎物回来，我给你做一餐珍馐美味，我还收藏了一瓶酒，我弹那首你最爱听的曲子，咱们一起吃一顿音乐烛光晚餐好不好？老公，这样的岁月静好，我真想跟你一起过到老。

男子一听，虎躯一震，瞬间睡意全无，一骨碌爬起来，拍着胸脯保证：老婆，是我不好，我不该睡懒觉。其实我知道，你比我更辛苦，为了咱们这个家庭的未来，你每天都要比我早起，做我的贴心小闹钟，你真是我的贤内助啊！老婆我向你保证，以后一定好好工作，多赚些银子，给你买个玉佩，来回报你对我无微不至的关心和爱护。

下辈子我还要和你在一起，这个玉佩就是信物！

你看，经营婚姻，几千年前的古人多么睿智。

每个人都希望被赋予美好的期许，厌恶被指责和教育，这是人性。

明白了这个道理，只要你愿意，完全可以把自己的婚姻生活经营好。

事实上，婚姻生活千头万绪，哪有百试百灵的技巧，你需要悟透的，只是两个人之间的道理。你希望他去做一件事或改掉某个毛病，有时候只需要换一个说法就可以马到成功。

你怎样对别人，别人就怎样对你——这条社交中颠扑不破的法则同样适用于婚姻，这里面的基质就是同理心。

说白了，婚姻的经营离不开换位思考，尤其是在发生误解或矛盾时，应该做的是让自己冷静一下，把自己放到对方的位置，设身处地地去解读对方为什么要这样做，进而做到求同存异。

婚姻是两个个性鲜明不同个体的结合，同质其实是一种扭曲，只能求同存异。

爱情一直在变化，
但你别让它物化

.
.
.

偌大的生活压力，把很多人的爱情毁灭了，同时毁灭的还有激情。

我们原本期望的生活是读书创作、结伴旅行，才华用尽，意气风发。

但现状是，我们从走出校园开始，就为了柴米油盐精打细算。我们在独立生活的初始阶段就是物质的、世故的，无法体验想象中那种浪漫人生——只面向心灵的生活。

我们被普世价值观改变，丢掉了对质朴爱情的追求，转而为爱情附加了很多条件，我们忘记了生活和爱情的本来模样。

我的一对大学同学，从大一开始谈恋爱，男有才，女有貌，形影不离，如胶似漆，毕业后水到渠成结成百年之好。

那时候，我们都还在为找一份好工作发愁，品学兼优的男同学就已经直接被推荐到一家公司做设计工程师，女同学脸上洋溢着肉眼可见的自豪。结婚不久，他们就要了宝宝。

3 年前同学聚会，男士们都在相互秀事业，女士们凑在一起聊孩子。

但你不得不承认，那些在学校里远不如你的人，如今坐在你面前或鲜衣怒马、指点江山，或是珠光宝气、仪态万千，的确让人尴尬而难受。

回去的时候，搭他们的顺风车，男同学开玩笑说："李纲那小子，当初还真小瞧他了，上学时不务正业，整天喝酒拍拖，惹是生非，现在居然能混这么好。咱也不是仇富，我看他那样子着实有点不舒服，多少有点小人得志的架势。"

于我心有戚戚焉，我刚想附议，女同学冷冷说道："人家就算是小人得志，也得志了，你呢，都快四十了，还在原地踏步，我想不明白，你凭什么笑话人家呢？"

场面顿时有点尴尬。

男同学脸色不太好看，但并未发作，反而逗趣说："亲，后悔了吗？当初要是答应他的追求，现在也是贵夫人了。"

女同学一下子被激怒了，也顾不得我在场，针锋相对："你讽刺谁呢？对，我就是后悔了！谁知道你这么没出息！"

我赶紧找个理由，下了车。

过了大概一个月，男同学找我喝酒，神态有些疲惫，酒过三巡，声音也哑了。

"××变了。"他说。

不久之后，男同学开起了网约车，白天工作，夜里开网约车，生活质量提升了一大截，两个人也不再争吵了。

那天晚上，两个人本来约好一起出去吃消夜，可男同学左等不回来，右等还是不回来，女同学正要打电话追问，收到了男同学的微信："老婆对不起，我始终无法让你满意。"

"赶紧回来，注意安全！"女同学回了一条，想想这些年男同学对自己的好，也觉得自己有点过分，想着想着就睡着了。

铃声乍响，女同学猛然惊醒，正习惯性地想叫丈夫拿电话，才发现床边无人。

打电话来的是交通事故科。

原来，因为疲劳驾驶，男同学送人出城后在回来的路上，与一辆大货车发生追尾，他拼尽余力，发了最后一条微信。

那条微信女同学一直留着，她向我们转述这件事时充满了痛苦与自责。

其实，爱情原本挺简单，它之所以越来越复杂，是因为我们的心变得越来越复杂。我们都怀念自己的青葱岁月？因为那时的懵懂纯净至极，没有那么多复杂东西搅杂在里面。

其实，生命真正的需求从来都不多，谁也不能活成圆满，只有忽视那些欠缺，才能更珍惜自己现在所拥有的一切。

其实，幸福与快乐只是一种心情，若是遇上了对的人，终归不会活得坎坷。然而你若与人比着过，这幸福便遥不可及。毕竟翻过了这座山，还有另一座更高的山。

其实，我们根本无须羡慕别人的花园别墅，每个人都有自己的乐土，前提是，遇到好的东西，你要懂得珍惜。

我每天回家需要穿过的公园中，总有一对老夫妇静静地坐在长椅上，每个人手里捧着一本书，相依在一起静静地看着。我不知道他们每天要在这里待多久，但我知道，从他们身边匆匆路过的那十几秒里，我的心里非常羡慕。

每每此时，我总是不由自主地想起那个男同学。

其实，我们总是习惯给爱情贴上各种各样华丽的标签，却忘了撕开梦幻的包装后，它本来的样子。

真正的爱情是平淡生活中生病时的照料、低谷时的鼓励和开解，是面临危险时义无反顾地站在你身边的忠诚与担当。

这才是爱情。

老夫老妻，
浪漫其实可以很容易

:
.

爱情最初的样子都是浪漫的。

不管男女，只要被对方的颜值惊艳，就非说是一见钟情。

明明自己穷到吃了上顿没下顿，却非要把裤腰带勒紧，去买毫无性价比的玫瑰花。

对方过生日，就要送个名牌包包。

至于情人节，那更是掏心掏肺的时候。

日常相处主打的就是一个缠绵悱恻，花前月下，你侬我侬。

连对方五音不全的哼唱，都觉得是那般悦耳动听。

对方在自己眼里就是完美的化身，纵使智商不高，也认为那是娇憨！

然而一结婚，味道就变了。

"你怎么这么笨啊，我当初哪根筋搭错了，娶了你，简直影响孩子的基因。"

"要啥玫瑰花啊，情人节是给情人过的，花能当饭吃吗？"

仿佛大家早已忘记了当初的浪漫。

其实，婚姻应该是浪漫的开始，而不是结束。

当然，太执着于浪漫，也是不合适的。

老婆的大学室友燕子，和丈夫陈东从大一开始谈恋爱，谈过了整个大学生活，谈到陈东攒够买房的首付，才定下夫妻名分。算一算，两个人在一起有10多年的时间了，熟悉到蒙上眼睛迎着风都能嗅出彼此的味道。

恋爱的时候，燕子觉得陈东样样都好，连他胸口的那块胎记都是"胸怀大志"，而且陈东对她也确实够体贴入微。

但现在不一样了，陈东整天忙着挣钱还房贷，浪漫的场景少了很多。燕子越来越觉得自己是"上了贼船"。每每看到大街上那些情侣亲密浪漫的举动，燕子的心里都很不是滋味。

前脚刚和陈东掐完架，后脚燕子就跑到我家诉苦。当然，她诉苦的对象是我的妻子。他们吵架的原因说起来还挺有意思。

几年前热播的韩剧《来自星星的你》里面有个情节很是浪漫，就是露营时，男女主相约吃炸鸡和喝啤酒……前不久又爆出一件逸事，说沈阳有一对情侣，为了体验雪中的浪漫，在大雪天跑去吃炸鸡、喝啤酒，结果上吐下泻，后来被诊断为胰腺炎。

这条"旧闻"不知怎么戳中了燕子，在三伏天里，非要陈东带她去吃麻辣火锅，还要找个包间并且不许开空调，说是要重温一下"火一样的激情"。

陈东坚决不从，直惹得燕子发了怒，大喝："你今天要是不陪我吃火锅，晚上你就一个人睡吧！"

我笑燕子："你这不光是让陈东一个人睡觉啊，连我都跟着受牵连！"

老婆和燕子同时白了我一眼："怎么，你还有意见啊？你们男人都一个德行，恋爱的时候都是情圣，结了婚情商直接掉下警戒线。赶紧给我俩做饭去！"

我懒得和她们争辩，拿起围裙就去了厨房。

燕子就这样在我家住了3天，最后极不情愿地被陈东登门请了回去。

燕子一走，老婆善解人意地对我说："这两天委屈你了，你也挺累的，晚上就别做饭了，咱出去吃吧。"

我说："行，只要不超过咱们的预算，你想吃啥随便点。"

老婆说："那就麻辣火锅吧。"

我一听此言，拿起围裙，头也不回地去了厨房。

其实生活和浪漫并非不可以并行，浪漫的本质是一个人与另一个人创造情感联系，通过对话和生活场景维持亲密感。

当你们仍愿意分享彼此的生活时，就已经产生了联系，你只需要适当满足对方的心理需求，就可以让亲密感一直持续。

它可以是任何事情，比如一起做饭，一起锻炼身体，把孩子扔爷爷家来一场说走就走的旅行；一起听音乐，一起看电影，甚至一起望着窗外数星星。

生活中任何一次经历，只要能够加深彼此的情感联系，就都具备了浪漫的意义。

其实，所有浪漫的指向，不外乎是为了满足对方的心理需求，当这些心理需求被忽视时，浪漫的感受才会锐减。

所以你只需要记住两点：女人的基本需求是感受到被爱；男人的基本需求是感受到被尊重。只要满足这两点，浪漫就很容易。

当然，你也应该偶尔给对方制造一些惊喜。

把心里的欲望
约束在合理的地方

∴

事实上，这世间从来就没有纯粹的爱情。我们说爱上一个人，包括那些所谓的一见钟情，其实是在潜意识中早早便分析了对方所拥有的许多特性与价值，正是因为这些特性与价值吸引了你，你才产生了与之交往、得到对方的念头。

从这个层面上讲，引导男男女女走到一起的，最终还是一种欲望，也许是物欲，也许是情欲，总之离不开一个"欲"字。

《诗经》里的《关雎》历来深受人们喜爱，尤其是前四句："关关雎鸠，在河之洲。窈窕淑女，君子好逑。"

这一篇的内容其实很简要，就是写一名男子对女子的爱慕，得不到她时心里就苦恼万分，吃不香也睡不好；得到了就很开心，叫人奏起音乐来庆贺，并以此让女子快乐。这是一种非常简单、纯粹的爱情，但其实也是有条件的，男主对女主的特质早已了然于心，即她须是个"窈窕淑女"。

这显然就是一种欲，一种将窈窕淑女据为己有的欲望，但也是一种自然而正常的情感。

人皆有七情六欲，只要是正常人，遇到俊男靓女，难免要多看几眼，甚至忍不住要多回头观望几次，这是最原始的异性相吸。

"人类能建造如此广大、如此复杂的社会，只靠了和生存本能同等强烈的两种本能，即性的本能与母性的本能。"这是任何人也无法否认的事实。如果仅从异性相吸的层面上来讲，那就是男人需要女人，女人也同样需要男人，无论男女都有接近异性、占有异性的欲望，这是一种对与异性结合的不可抵挡的渴望。

千百年来，正是在这种渴望的引导下，无数的动人故事在不停地上演着：有人为博美人一笑，不惜以江山为代价；有人发出了"牡丹花下死，做鬼也风流"的感叹；有人许愿"惟将终夜长开眼，报答平生未展眉"；有人遗憾"此情可待成追忆，只是当时已惘然"。

当然，其中也有"我本将心向明月，奈何明月照沟渠"的无奈，有"落花有意，流水无情"的幽怨，但这丝毫不能浇灭人们心中的欲望之火，因为这是人的一种本能冲动，是一种自然而然的追求。

只不过，不同修养的人会以不同的形式将这种欲望表现出来。有的人是喜爱，有的人是欣赏，有的人是倾慕，有的人是付出，也有的人只想着占有，甚至为此不择手段。这就使得"欲"字被有意无意地加上了许多贬义色彩，导致很多人认为，"欲"是丑陋的、邪恶的、龌龊不堪的。

其实不然，欲望仅仅是人的本能体现，而人的本能冲动和渴望本来无可厚非。在爱情中，无论是情欲还是性欲，都是一种正常的欲望。

欲本无罪，而令其邪恶的，完全是人的自私。

人的本能使人有了欲望，欲望衍生了自私，自私使人与人之间出现了争斗。在这种情况下，要么厮杀到底，拼个你死我活，要么达成一个共同的"协议"，相安无事。久而久之，这种协议就成了人们意识中的一种观念，也就是社会制度和道德准则，遵守的就是好的、就太平无事；不遵守就是坏的，就要受到惩罚。而爱，就是在这种情况下被约束起来的，这也使人与动物在爱的方式上产生了本质区别，同时也是人类控制本能最进步的表现。

这时的爱便成了欲望的"苦行僧"，一方面在人的心里爱欲是泛滥的，另一方面人又必须有这种欲望，用苦行僧一般的修持来消除一些自己本能的、被称为"邪恶"的欲望。

显而易见，并不是所有人都能够一直遵守"协议"，也不是所有人都做得了"苦行僧"，将欲望控制在一个可以被认可的尺度上。于是，这世界上便有了那么多的犯罪、外遇、出轨。但这是欲望的错吗？

归根究底，错的不是欲望，而是人，是人对自己的放纵造成了对爱的亵渎，伤害了爱情，伤害了别人，其实也伤害了自己。

家乡的一位老人就是这样。这位老人曾是我的邻居，我叫他王叔。王叔年轻时长得很好，自命风流。

他当年曾两度抛妻弃子，带着家产和情人远走高飞。只是好景不长，没过几年，他把家产败光了，情人也另觅新欢。第一次，在走投无路的情况下他回来磕头赔罪。这个时候，王婶已经将破烂不堪的家打理得井井有条，看到他的凄惨样，动了恻隐之心。谁知，没过多久，他又和一个寡居的女人打得火热，再度卷款而去，又再度鸡飞蛋打。这一次他没脸回去，就在外面流浪。

王婶过世以后，王叔在某火车站被家乡人遇到，由民政部门送到了养老院。他的一儿一女都在外地，日子过得很不错，每年清明都会开着大车小车来祭拜王婶，却从不曾踏进那所养老院半步。

后来，王叔在郁郁寡欢中离开了人世，后事是养老院简单料理的，他的孙男娣女没有一人出现。

在此后的一段时间里，王叔的事情成了那些老邻居热议的话题。

有人说，欲望使人迷乱，但其实，是人性的自私使欲望膨胀，任由欲望膨胀才导致了道德的沦丧。欲望，是人的一种本能，既然是本能，就不应该是问题，就像吃饭一样。但如果我们整天满脑子都是吃，吃起东西来没有丝毫节制，那就成问题了。

因此，重要的是要学会控制自己的本能冲动。

不可否认，在生活中，我们常会在毫无预料的情况下遭受到婚外诱惑，导致心理甚至是生理上出现某种悸动。正如前面一直强调的那样，这些都是正常的。

吸引，毕竟只是一种心理状态，它使我们产生一种追求美好事物的冲动，但把它当成一种目标，不择手段、不顾后果地去实现，甚至不惜触碰道德和法律的底线，那是非常愚蠢的。

40岁以后应该明白：爱情基于欲望，但在含义上要高于欲望。欲望的满足需要遵守人们共同达成的"协议"，放纵欲望会使人迷失，而学会爱则会使人坦然。

别和孩子较劲，
叛逆其实是你把方法搞错了

:
:

人生 40 年，最让你炸裂的大概莫过于孩子到了叛逆期！

不管你说得对不对，他就跟你对着干！

只要稍不顺心，他就敢冲你怒吼！

无论怎样苦口婆心，全都无济于事……

其实你应该换个角度想——这是孩子长大了。

孩子的叛逆，从某种程度上说，正是他渴望独立的信号。

被父母压制了十几年后，孩子的自主意识开始萌芽，像当年的你一样渴望自由，"造反"的情绪厚积薄发。

倘若这时我们依然一意孤行，希望孩子唯命是从，按照自己的思路安排他们的人生，即使你是对的，尚不成熟的孩子也会将其视为一种压制，和你发生矛盾，甚至"不共戴天"。

妻侄今年 16 岁，在我们市重点中学读高中，为了孩子将来能有出息，小舅子给孩子找了三个辅导老师，在语、数、英三方面对孩子进行一对一、全方位、无死角的辅导。

妻侄见状立即翻起了白眼，只要辅导老师一登门，他就开始摆烂，油盐不进，辅导老师来过几次，就再也不肯登门了——这钱太难挣了！

"你怎么不理解我们的苦心呢！"小舅子恨铁不成钢。

"我理解你们，可你们理解我吗？你们给我请老师，征求过我的意见吗？我不是小孩子了！"

孩子说的也不是完全没有道理。

十几岁的孩子，虽然还不是特别成熟，但他们已经具备了独立思考的能力，如果你还把他们"裹在襁褓"之中，孩子肯定是受不了的。

其实妻侄是个蛮优秀的男孩，也并非父母口中那样不懂事，只是小舅子两口子当年受家庭条件限制，都没有读成大学，这便成了二人心中魂牵梦萦的遗憾，所以呢，把孩子整成了圆梦的寄托。

事实上，这似乎是中国家长的通病，我们自己在人生路上翻了车，就总是希望孩子来复盘，总结自己的经验教训，给孩子设计了一条看似完美的轨道，要求孩子一步不差地走下去。

当我们以成人化的理念来勒令孩子时，便会与孩子幼稚且自以为是的想法发生冲突，但你不能说孩子就是错的。他们的叛逆，有时只是希望得到成人认可的一种方式。

所有的叛逆都来自对束缚和限制的反抗。

青春期的孩子有强烈自主的渴望，而成长的程度还不足以挣脱自身生理、心理、能力的限制，他们在迷茫中向着独立跃跃欲试，倘若这时父母刻意给他们制造壁垒，他们就会像孙猴子一样大闹天宫，你把他们镇压下去，他们会连五指山都想给你掀翻。

所以当你指责孩子叛逆时，其实你正在暴露自己的专制。

家有逆子，最该反省的应该是家长自己。

想通了这些道理，你就会知道，叛逆是孩子成长的必然阶段，并非原则上的错，也不是无法解决的难题。

其实，你只需要与孩子建立一种朋友般的关系，并多站在孩子的角度上想问题，一切都会迎刃而解。

40 岁了，
难道还没有学会如何和父母相处吗

:
.

在我们长大成人之前，对父母的依靠总是那么理所当然，他们就是家，就是港湾，你只需要做个好学生，然后快快乐乐地成长，身后的事情不必烦忧，交给他们负责就好。

那时的我们，大概觉得父母就是这世间的一切正确，他们的行为在我们看来毫无问题，或者说，我们根本不敢怀疑。

那时候，父母的想法就是我们的想法，他们的主张就是我们的主张，他们为我们安排好了一切，对此，我们没有质疑的声音，也不敢投去审视的目光。

除了尊敬与喜爱，我们有时甚至觉得父母如超人一般伟岸，我们努力做个好孩子，然后拿着成绩单去换取他们的微笑与奖励。

然而，不知道从什么时候起，我们开始对父母展开了批判，觉得他们当初的教育是那么愚不可及，好像如今自己的悲惨遭遇，全都来自他们的愚昧教育。

接着，我们发现他们竟然有许多让人无法接受的缺点，从此我们与他们的对话多少带着一些情绪在里面，那种情绪甚至可以称为"厌烦"。

前不久我带着父母去体检，打了个网约车，这一路，父亲便时不时地提醒司机走错了，说这样走绕得远。看着我充满歉意的眼神，司机师傅一笑置之，看上去非常理解。

是啊，父亲老了，他想说就让他说去吧，没必要争辩，也不需要解释，他说他的，我们只管走就是了。

如果是之前的我，可能会觉得很尴尬、觉得丢面子，甚至会回怼两句。可是我现在正在努力学习与他们和解，对他们那些看似不可理喻的行为佛系了一些，既不生气，也不阻拦。

我的转变源于一个日记本。

有一天我回父母的老房子里收拾旧物，偶然翻到父亲的一个日记本，本想随手帮父亲扔掉，又忍不住好奇就随手翻看了几页。

上面的日期是 1992 年，那一年他 30 岁。

里面除了一些家庭记账，竟然还有诗、画，当然也少不了他的生活感悟与人生梦想。原来如今唠唠叨叨的父亲也曾内心激昂，只是后来隐藏了激昂，搁浅了梦想。

我们的父母也是年轻过的！

他们曾经也和我们一样，思想丰富，情感细腻，内心充满诗情画意，是时间和家庭的重担，把他们敲打成了如今这般的世俗模样。

我们以为近距离看清了他们鄙俗的模样，其实只不过看到了一点表象。

我们对他们没有耐心，甚至恶语相向，往往是因为觉得自己的人生受到了他们"低能"的限制，或者由于无法接受他们的思维古板、行为不完美。

我们几乎是站在上帝视角，将自己的属性从他们身上剥离，以一种近乎苛刻的眼光去审视他们，于是我们觉得自己高尚了、脱离了低级趣味，而他们则显得那样愚昧。

就好像一个斗志昂扬的战士，一直背靠着一座大山奋力厮杀，自以为这座后盾坚实无比，却在打斗中发现原来靠山已经充满裂痕。

山要崩了！

于是我们开始忐忑不安，开始埋怨，担心威胁到自己的人身安全。

事实上我们没有意识到，这座靠山是因为承受了太多的打击和压力，所以才会面临即将崩坍的局面。

如果我们能够意识到这一点，我们应该痛恨自己对父母的态度。

想明白了这一点，我对父母的态度也及时做出了改变。

小时候住的地方缺水，所以母亲养成了特别省水的习惯，即便是数九寒天，也不肯使用洗衣机，我有时忍不住，就会说上她几句。

又如为了省天然气，热馒头的时候，母亲总是喜欢把馒头直接放在盖帘上，这样热出来的馒头底部会被蒸汽打透，不仅难吃，也不卫生。他们习以为常，我却难以下咽。

如今意识到自己的问题，我就不生气了，她不肯用洗衣机，我勤快点帮她用不就可以了；不想让她那样热馒头，完全可以趁母亲不注意，把馒头摆在托盘里。

你说的他们不一定懂，或者就是懂了也不想听，又或者根本就记不住这些问题。

而且，很多问题都是他们在那个时代多年的积习，一直如此，现在他们垂垂老矣，你还指望他们能够改掉吗？

就像你抵触他们的行为一样，他们对你的一些做法也是抵触的，只不过为了避免家庭冲突，才装作糊涂打个哈哈敷衍你。

既然他们不想和我们闹矛盾，我们为什么又一定要对他们横加指责呢？

人与人之间，大概最缺的便是包容和理解。

我们往往对外人客气得很，面对自己的父母时却斤斤计较，想说的话不知道过一遍大脑，毫不见外，张嘴就来，父母受了伤，我们过后心里也不好受。

40岁以后你会渐渐发现，原来你身上都是他们的基因，你客观审视自己就会知道，其实自己身上也存在很多缺点。在那个物资极端贫乏的年代，要护着子女周全，要为子女撑起一片天，换成是你，你是不是也会做出同样看上去不可理解甚至是自私的行为？

他们不完美，我们也同样不完美，那为什么我们还一定要苛求他们变成自己喜欢的样子呢？

学会了共情，你就会知道究竟该如何与他们相处。

向内安顿自己，允许一切发生，40 岁学会与不确定周旋到底

不顺和挫折其实是人生的主旋律，

它固然让人痛苦，

也会使人警觉和清醒，

使人不至于在纷纷扰扰中浑浑噩噩，

不至于在温温吞吞的生活中不思进取。

既然如此那就如此，
过好一个说了不算的人生

:

.

村上春树写道："若能哭上一场该何等畅快。但不知为何而哭，不知为谁而哭。若为别人哭，未免过于自以为是；而若为自己哭，年龄又老大不小了。"

人活到 40 岁，有时候无奈到想哭，却连哭的权利都没有。

你不知道这种无奈是从什么时候开始的，也不知道它何时才能够结束，它就这样莽撞地闯入你的生活，你无法把控它，无法理解它，却要咬着牙面对它。

面对不了，生命就会无可挽救地向下倾倒。

人生没有多少例外，人生都差不多，到了相应的年龄段，感受也大同小异。

因为我长时间坐在电脑前码字，所以脖子、肩膀、背部时常感到酸痛，前不久在妻子的建议下，去盲人师傅那里享受了一次奢侈消费，翌日起床确实感觉身子舒爽了许多。

为我按摩的那位盲人先生给我留下了极深的印象。他的眼前虽然黑暗无边，但内心却极为通透，寥寥数语便判断出我的性格和职业，且手法精准，一番推敲下来，便准确地找到了我身上的痛点。

我对他的洞察力与技术能力称赞有加，他微微一笑，带着一丝无奈与自嘲说道："我这也是被逼出来的啊！咱是瞎子，又不是憨子，总不能像憨子一样混日子，先不说让老婆孩子吃香喝辣，起码不能让自己活得太寒碜，你说是吧？"

我反手拍了拍他的手臂，表示安慰与赞同。

他继续说："我是个半路瞎，年轻时是个漆匠，赚得也不少，娶了个漂亮媳妇，打算要孩子那年，我脑子里长了个东西，摘了以后就瞎了。"说到这里，他叹了口气。

"我瞎了没多久，那个漂亮媳妇就不见踪影了，我心里又难受又恨，几次都想死了算了，但又觉得就这么死了也太窝囊了。咱就算瞎了，也是个爷们儿，爷们儿嘛，要死也要脸朝天。"

我笑了，说："大哥，你能说这样的话就表明你是个纯爷们儿。"

他也笑了，笑得很爽朗："必须是个纯爷们儿，要不对不起爹妈把我拉扯大啊。"

他接着说："后来不想死了，我就琢磨干点儿啥能养活自己。有朋友给我出主意，说盲人按摩不错，我想想真是条路子，就让我娘带我去扬州学艺。我不是吹，除了功课，从小我就学啥都认真，干啥像啥。我那师父可喜欢我了，说我心灵手巧，教我也没啥保留。因为瞎了，我觉得这就是我唯一的出路了，所以学得用心，没客人的时候就拉着我师父给他按。说也奇怪，眼睛瞎了以后，心却比以前细多了，以前注意不到的事情，现在也都放在心上了。因为心细、认真、用心，我的手艺学得很快，一年多师父就让我出徒了，说我现在跟他差的就是经验了，练几年没准比他厉害。我不是吹，咱们这片的盲人按摩，我敢说没人比我手法好，他们最多也就是和我水平相当。"

我说："确实，你这手法够地道，比我家那位强多了。"

他一惊："你媳妇也是干这行的？"

我笑了起来："不是，她在家给我乱按。"

他大笑："生活挺幸福呀！我现在也是，上班的时候给别人按，下班的时候媳妇给我按。"

我一时没反应过来："你媳妇不是……"

他一脸得意："又娶了一个，是我师父的远房亲戚，到底长啥样我也不知道，没人跟我说她长得丑，但我心里也知道好看不了，还是个哑巴。我不是跟你吹，我这个哑巴媳妇绝对是个贤妻良母。过门第二年就给我生了个大胖小子，健健康康的，据说还挺帅的。以前那个女人，不管我在外面多累，回家也得洗衣服做饭，就差没给她端洗脚水了。现在这个，可知道心疼人了，看我眼瞎不方便，家里家外的活儿她都包了，我每天半夜回家都能吃到热乎饭，还有热乎乎的洗脚水，隔三岔五地她还给我按一按，虽说没啥技术，但按在身上很舒服。"

他的语气越发温柔，听得出，他现在活得非常开心、幸福。

"我现在有时反而庆幸自己瞎了。"他这样说让我一愣。

他马上察觉出来，继续说道："你说人这辈子活着为了啥？不就为了有个人真心疼自己，热热乎乎、舒舒服服地过一辈子吗？我不瞎的时候，一天到晚累死累活地刷油漆，那东西有毒，据说还影响生孩子，能活多大岁数，能不能有人给我传宗接代都两说。我之前娶的那个漂亮媳妇，在我们那十里八村正经八百是一朵花。我当年挺得意，带着这样的媳妇出门脸上多有光啊！瞎了以后我才明白，她嫁我图的不是我这个人，是因为我比十里八村那些小伙子都能挣钱。我现在这工作，虽然有些人觉得不体面，但我不觉得，咱也是为人民服务不是？说句实话，挣得不一定比你少。我现在这个媳妇，虽说长得不漂亮，也有残疾，但真心实意对我好啊。我要是不瞎，还真过不上这种舒舒服服、热热乎乎的小日子呢。瞎得久了，就真不觉得有什么了，只要咱心没瞎，就能活得挺好。"

他最后的话或者说人生感悟深深触动了我，是啊。"只要心没瞎，就能活得挺好！"——这是我这次奢侈消费获得的最大收获，远比身体的舒爽更让我受用。

生活中的苦难到底是福是祸，在苦难刚发生时我们根本无法做出准确判断。而福祸其实是可以相互转换的，但心盲的人看不到这一点。

心盲的人总是把苦难界定为纯粹消极的、应该完全否定的东西，然后又将其不断夸大，可能是为了给自己的懦弱找借口，或者为了让别人可怜受苦的自己，或者两者兼而有之。

的确，我们总是被迫承受苦难，因为苦难正是人生的主题。但是，它在人生中的意义真的是完全消极的吗？

苦辣酸甜，没有人会钟情于苦味。然而人生百味，无论喜不喜欢，它来了，你都得承受。承受不了也要承受，只要活着就要承受。

所以，想把这一生过好，就不能一直纠结怎样把人生中的苦味去掉，而是在 40 岁这个年纪，真正懂得将苦味转化，学会与痛苦共舞。就算上天给你关上了八扇门，你也要扬起笑脸，生生凿一条通道出去。

今生，不论你能走多远，你都不能让自己因为受苦而不再鲜活。

及时止损，
在两难中做出最优选择

:

.

倘若付出始终得不到回应，如果执着真的无济于事，及时止损就是最好的选择。

哪有什么水滴石穿、绳锯木断？水滴石穿，先粉身碎骨的，肯定是水滴。绳锯木断，先肝肠寸断的，肯定是绳子。

都以为努力付出就一定会有收获，然而如果你努力的方向不正确，或者你的热情在别人眼里一文不值，那继续就成了一种牺牲，努力其实毫无意义。

你在盐池里种树，入眼全是荒芜，寸草不会滋生，无人会为你的自我感动而感动。

一个 15 岁的少年想当歌星，以轻生威胁贫寒的父母给自己砸钱深造，未能如愿便中断学业离家出走，想效仿一些前辈从底层逆袭。

然而他的歌喉并没有多少人欣赏，他直到 40 岁还在流浪。

38 岁的初中同学，依然念念不忘那个早已嫁作人妇的初恋女子，时至今日依然孑然一身。

大家都劝他挥剑斩情丝，他却心甘情愿地做人家的候补人选之一，竟然专情到如此地步！

为了一个不切实际的梦，倾注自己所有的年华与精力，除了感动自己，别人谁会心疼？

成年人的世界，应该多一份清醒，"执着"这两个字诚然无错，但你要考虑值不值得。

人们总是执着于"得"，却忽略了适时的"舍"，如果你被鳄鱼咬住胳膊，舍去那条无法挽救的断臂，才是你最好的选择。

人要懂得及时止损，才能有新的收获。

印度尼西亚大海啸的时候，一位年轻妈妈正独自带着两个孩子在海滩上玩耍。

灾难突如其来，瞬间地动山摇，海啸眨眼将母子三人卷入海浪之中。

妈妈紧紧拉住两个孩子的手，一时不知如何是好——该怎么办？要是一直不放手，母子三人都将葬身海底！

妈妈含泪看了7岁的长子一眼，毅然放开了手，抱着3岁的幼子向岸边游去，毕竟大儿子还有一点自救的能力，有一丝生还的希望。

或许结局大家已经猜到了，那个长子真的获救了，一家人全都安然无恙。

当摆在执着面前的是一条死路时，有所选择地放弃，是一种量力而行的睿智。

在人生这场苦情剧中，我们是自己唯一的编剧与导演，只有懂得如何去策划、如何去选择、如何去剪辑，才能在剧终的时候，给自己留下一个看似完美的结局。

而那些一意孤行的人，或许到了弥留之际，才会感到后悔不已。

做不到及时止损，就要自负盈亏，这个世界的运行法则是不会对谁特别客气的。

及时止损，说到底，是为了避免自己深受其害，不管是生活、工作，还是感情。

也就是说，倘若一份工作不能让你得到长足发展，它给了你极大压力，让你很不开心，薪水不高，那么一定要奉献自己吗？为什么不去找一份让自己更有发展或者自己更喜欢，又或者工资让自己更满意的工作呢？

倘若在一份感情或婚姻中，我们倾尽所有，依然换不回对方的真心以待，那还纠结什么呢？快快乐乐地放手吧，所遇非良人，放手即止损。

倘若我们现在的生活环境、生活方式、生活地点，让自己特别压抑、痛苦，那么就要趁早换一个让自己舒服的活法。

止损，不是说要逃避，而是坦然地面对问题，并把它解决掉。

因为我们和孩子不同，孩子还有时间可以不断试错，而 40 岁的我们已没有那么多试错的资本。

圆满就是一个悖论，
但要对得起你吃过的苦

:

.

圆满从来都是一个伪命题。

圆不可及，至于满不满意，只能说，由心而定。

所以若想自己活得从容一点，最好的做法就是别太在意。

太在意，在意到茶饭不思，乃至一病不起，最终还是免不了一场失意的结局。

不在意，任何失意都将随风而去。

人生四十，只有学会处之泰然，把快乐交给自己保管，才能摆脱命运压下来的阴暗，过好余生的每一天。

40年前，二姨一怒之下，拎起家里储存的农药，给表哥、表妹和自己灌了下去，好在发现得早，送医抢救及时，三个人侥幸活了下来。

十几年前，因为表妹的事情，二姨拎起家里的木头板凳，将姨父从客厅一路砸到卧室，手臂砸到骨裂，砸出轻微脑震荡……

二姨打小就性格顽劣，不爱学习，早早便辍了学，十四五岁开始下地帮家里干活，一并承担起照顾弟弟妹妹的责任。

到了谈婚论嫁的年纪，二姨通过"父母之命，媒妁之言"，嫁给了同村的二姨父。

二姨父有点文化，这使得没读过几天书的她倾慕不已。可二姨父看中的却是在村里教书的大姨，由于媒人只说给介绍的是老王家姑娘，他就误以为是大姨。谁知及至见面，才发现竟是村里出了名的女汉子二姨，但也只能接受这个现实。

二姨父家里特别穷，又是从山东躲灾来到东北的外地户，根基不牢，人际关系不好，性格又孤僻，少有姑娘愿意嫁给他，结果到了30岁还是光棍一个，二姨则比他小了整整8岁。

一个因为娶不上媳妇退而求其次，另一个芳心暗许以为遇上了真命天子，这段爱情也许从一开始就注定不会开出幸福的花来。

二姨虽然没有读书的头脑，但性格风风火火，持家过日子绝对是把好手。

二姨父虽然读过几天书，但穷要面子，自命清高，用东北话说就是"能装"。

嫁过去以后，年轻的二姨一肩将这个穷家挑起：

村里分地抓阄，二姨父扭扭捏捏，讲究谦让，二姨怕好地都被别人抓走，自己上！

买猪崽进圈抓猪，二姨父一动不动，觉得有失身份，二姨怕好猪崽都被人挑走，一翻身跳进猪圈：我来！

二姨父却觉得，二姨一点儿也不淑女。

可二姨阳刚的性格刚好弥补了他秉性中的阴柔，也算优势互补了。这个家在二姨的操持下，逐渐红火起来，很快家里又添了一儿一女。

可是，二姨的"丰功伟绩"，并没有换回二姨父的回心转意，他从骨子里认为二姨是一个粗鄙的农村妇女，配不上自己，即便有了两个孩子，仍然对二姨持续输出冷暴力。

二姨想过离婚，但姥姥姥爷死活不允许，老人家特别古板、好面子，只许儿女给自己脸上贴金，不许儿女让自己跌份。

悲剧就这样酿成了。

一个夏季炎热的午后，二姨父出门以后，二姨拿出家里的除草剂，叫醒午睡的表哥、表妹："来，和妈一起把这个喝了，妈带你们离开这里！"

好在当天有邻居前来串门，隔窗望见倒在炕上恶心呕吐的二姨母子，喊来左邻右舍破门而入，母子三人这才捡回性命。

兴许是生死之间对生命有了新的感悟，出院以后，二姨很快调整好了心态，用她的话说："为了这一双儿女，我也不能再干傻事了！"

这之后，二姨父对家庭的态度有了一定的转变，两个人虽然不一定幸福，但起码表面上相安无事。日子就这样不咸不淡地过着。

二姨有时来我家做客，两杯下去，便忍不住会哭，对我妈诉苦说："老三，你二姐活得哪里像个女人啊！"

表哥、表妹上学以后，二姨和二姨父又一次爆发了激烈冲突。

在二姨父看来，表哥才是他们李家的正根，表妹早晚是别人家的人，所以一定要把表哥供上大学，表妹读完初中就可以了。

二姨一听火冒三丈："我这辈子就是吃了没文化的亏！我绝不会让女儿再走我的老路，你不让她读书，信不信我把咱家房子点了！"

表哥、表妹都很争气，先后考上医科大学，在校期间成绩优异，表现突出。

表哥结束实习以后，二姨父喜笑颜开地拿出存折，帮他在省会找到了一份好工作。

表妹结束实习以后，二姨父却冷着脸一口回绝："没钱！"

时隔多年，二姨再一次勃然大怒："今天你不给女儿拿钱，信不信我跟你拼命！"

二姨父毫不犹豫："打死我也没钱！"

二姨拎起木板凳，狠狠地砸了下去，砸完不解气，再砸，还不解气，继续砸……一路从客厅砸进卧室，砸得二姨父倒地不起。

二姨最后将板凳一扔："你以为我打不过你啊，我是让着你！"

表妹得知以后，悄悄买了一张火车票，去了给她发出邀请的山区。之后，再也没有回过东北。

不久前姥爷去世，除了卧病的家母，所有的姨、舅齐聚一堂，为老人送行。

办完丧事，大家坐在一起，吃了一顿难得的团圆饭，一群五六十岁的老头子、老太太坐在那里感慨人生。

老舅突然问了一句："二姐，现在你还有什么放不下的？"

二姨瞪他一眼："你说我有什么放不下的？我自己离开谁都能活，可我走了，留他一个快70岁的老头子，有病有灾，受牵累的还不是我那一双儿女？你说的都是没脑子话！"

老舅登时老脸通红，我连忙打岔："二姨，你把自己这辈子全写出来，肯定能红！"

二姨甩了我一眼："你不知道你二姨不认字？"

我自知失言，连忙转场："你可以录视频，开直播嘛，就您这口才，绝不逊色于那些网红。"

二姨顿时又亮起了大嗓门："我不认字，人家打字跟我说话，我都不知道他们说的是什么，我怎么直播？"

二姨撩了撩黑白夹杂的短发，自嘲似地笑了。

无论命运压下来是多大的阴影，无论人生给了我们多少坎坷与颠簸，其实每个人都有摆渡的船，这只船无人来撑篙，那船篙只在我们自己手中。

其实每个人都有解不开的心结勒在心口。人到四十，应该试着洒脱一些，解不开就不解了，让它倔强地留在那里，或者利索地将它剪掉，然后擦干伤口，过好往后余生。

生命，不过就是处理掉一个又一个心结，在了断中成熟，然后一次次获得新生。

一个人到了 40 岁，应该懂得掌握自己快乐的钥匙，不期待别人给予什么，也不奢求将意义带给别人。

其实，每个人都有一把掌管自己快乐的密钥，只是多数时候，我们稀里糊涂地将它交给了别人保管。

刚刚离婚的马大姐说："我这半生活得悲惨至极，因为那个男人不要我了。"

愁容满面的张大哥说："儿子没有考上好大学，将来大概找不到好工作，也不一定能娶上个好媳妇，我很忧虑。"

早早秃顶的徐先生唉声叹气："40 岁了，工作不上不下，搞不好职场关系，得不到上司器重，我太难了。"

一个年轻人从饭店走出来，嘴里骂骂咧咧地说这家饭店服务态度差：一个美女坐在马路边号啕大哭，因为她刚刚被自己开豪车的男朋友甩了……

这些人都把自己的幸福交给了别人保管，也把自己的心情放在了别人的掌控之中。

当我们将自己的情绪交付给别人掌控时，我们就自诩为"受害者"。

这种消极的认定使我们将所有的苦难归咎于外因，所以我们怨天尤人。

所以我们觉得是别人使我们不快乐，我们要求别人为我们的痛苦负责，但事实是，是我们自己放弃了对命运的裁决。

生命是你自己的，生活也是你自己的，40岁以后怎么活，也是你自己的问题。

不要纠结于过往，
余生都是美好时光

∶
·

其实我们内心的很大一部分痛苦，都来自对既成事实的耿耿于怀。

我们总是把自己困在以往的伤害中，不愿让受伤的自己离开，总是纠结着如果当时不是这样，而是那样，就不会活成现在这般模样。

然而人生没有如果。

倘若不幸的事情已经降临，我们唯一能做的，就是从容、坦然地接受事实，并使事情尽量朝着好的方向发展。

北漂的时候，我曾在城中村居住过一段时间，邻居是对小夫妻，丈夫送快递，妻子在家专职带孩子。那孩子当时才3岁大，长得虎头虎脑，很是招人喜欢。有一天，女人见孩子睡得正香，就将他反锁在屋里，自己去了附近的菜市场。

谁知女人前脚刚走，孩子就醒了过来，又不知怎的扒翻了桌子上电饭锅里正熬着的粥。我们听到响动以及孩子随后撕心裂肺的哭声，也顾不得许多，便破门而入，看到孩子的身上满是热粥，裸露的皮肤上已经起了一层水泡。我们几个男人抱起孩子就往医院赶，而女人们则去菜市场找孩子的妈妈。

孩子的爸爸很快也闻讯赶到了医院，当时他的妻子正在急救室外痛哭流涕，医生说，孩子没有生命危险，但被烫伤的地方难免会留下大片疤痕。

孩子的爸爸听了没有对妻子破口大骂，只红了眼，把妻子紧紧地搂在怀里，让人动容。

也许他在想，孩子被烫伤，留疤甚至毁容，这都已经成了事实，就算指责妈妈又有什么用呢？反而会让这个家庭蒙上更重的阴影。何况，女人也只是无心之失。倘若我们平时都能具备这种成熟的心智，或许很多烦恼和痛苦就都不会出现了。

就像叔本华说的那样：在遭遇到已经发生的、不可更改的不幸的时候，我们甚至不可以允许自己这样想——事情本来可以有另外的一个结局。更加不可以设想我们本来可以阻止这一不幸的发生。因为这种想法只能加剧痛苦至难以忍受的程度，我们因此也就是在折磨自己了。

这其实并不是什么哲学，只能说，是一种睿智的生活态度，背后的逻辑也非常简单，就是与自己和别人和解。

让自己的内心回归过去，去理解自己心中那个内在的、受伤的小孩，你不要纵容他，应该安抚他，鼓励他从阴暗的情绪里走出来。

然后观察自己，去认真审视当下自己的欲望和情绪，释放它们，也要懂得约束它们，让情绪在独处时自然流动，也要在欲求不满或是伤痕累累的时候，劝诫自己：事情要辩证地看。

　　当我们能够明悟现在，对过去释怀时，那些曾经折磨我们的固有问题，就会转化为一面高清的、透明的镜子，让我们从中照见真实的自己，看透糟糕的自己，最终醍醐灌顶跳脱出去，成为更好的自己。

　　就像我们去做按摩一样，按摩师会帮你把潜藏的痛点一一找到，解决问题的过程是痛苦的，但处理掉病灶才会神清气爽。

　　40岁以后的心灵成长也该这样，找到自己的病灶，咬紧牙关解决痛点，最后打通经脉，这样才会自在。

40 岁学会隐忍，
总有一天是你的良辰美景

⋮

2020 年，对于郱秋来说可谓多事之秋，先是奶奶突发肾结石，因为年龄大，本身有诸多基础病，本地三甲医院无法进行手术。在转往外地治疗的途中，病情又迅速恶化为败血症，好在一番抢救，总算捡回一条命来。

没过多久，有一天，母亲突然失联，人找不到，电话也打不通，着急忙慌找来开锁师傅，破门而入，发现母亲已经突发脑溢血，瘫倒在地上，送去医院做了一个微创手术，命是保住了，但偏瘫了，即使雇护工长期照料，身边也必须有个亲人管理照应。

但此时父母离异多年，如今父亲早已再度成家；弟弟北京大学硕士毕业，远在深圳。

自己呢，又只是一家文化公司的小编辑，一个北漂打工妹而已。这是一道根本不需要选择的选择题。

于是，郱秋和公司商议了一下，结束了 10 年的在职生涯回到小城以自由撰稿人的身份给公司兼职写稿，社保、公积金自然不会再有了，收入也直接腰斩。

要知道，一般脑溢血病人手术之后，会性情大变，譬如暴躁、爱哭爱闹、焦虑、唠叨，甚至有些神经质，又如自私、狭隘、矫情、任性，或者自甘堕落等。挺不幸的，郦秋的母亲把这些毛病全都打包带回家了。

脑溢血病人术后一般有个复健治疗，包括针灸、按摩、肢体功能恢复训练、生活技能指导等，这项医疗支出居民合作医疗是可以报销的。然而郦秋的母亲不喜欢医院嘈杂的环境，不肯住院治疗，但康复治疗还得做下去，不报销那就自费，郦秋咬了咬牙。

让郦秋揪心的是，母亲对于医药费毫不在乎，却对雇用护工的支出斤斤计较，所以护工请来一个，便被她赶走一个。僵持的结果就是，郦秋无奈地充当起了护工的角色。

每天洗衣做饭，陪着锻炼，忙得不亦乐乎，连写稿也没时间了，经济情况彻底恶化。

郦秋频频仰望，最终刺眼的阳光成为一个遥不可及的光点，她想用手去触摸，却无论如何也感觉不到阳光的温暖。

那大概是郦秋最难熬的一段时光，人到中年，又婚姻变故，本以为自己已经看透人生，荣辱不惊，却在此时不止一次泛起轻生的念头。

那种滋味，体会过的人自然懂得，却也无法找到合适的语言形容它。

好在，她还有个十来岁的孩子，尽管不在身边，尽管生活压抑到透不出一丝光亮来，但她还是想看到他长大。

这样的生活持续了足足两年，就在郦秋觉得自己将要精神崩溃的时候，兴许是被伤及的大脑逐渐在恢复，母亲突然开了窍，主动要郦秋请护工。

一步踏出桎梏，郦秋拼了命努力，与其说是上进，不如说是后怕，她可不想在往后余生，被生活再这样狠狠地来一次暴击。

一个人只有夯实了自己，才有力气对抗生活的暴脾气。

其实我们身边有很多这样的人，看着即将被生活压垮，但为了心中的美好愿景，却一直在咬牙支撑，愿意支撑的人其实都撑过去了，于是转过山重水复，便是柳暗花明。

不顺和挫折其实是人生的主旋律，它固然让人痛苦，也会使人警觉和清醒，使人不至于在纷纷扰扰中浑浑噩噩，不至于在温温吞吞的生活中不思进取。

我们其实应该感谢来自痛苦的鞭策，因为是它使没心没肺活到40岁的我们，在被刺痛以后及时看清了自己的弱点，也更好地读懂了人生，更深刻地明白了生活。

正如罗曼·罗兰所说："从远处看，人生的不幸折磨还很有诗意呢！"

PART 09

健康不走弯路，
40 岁以后，靠细节打造身体

你要将自己负责的事情变成容易做到的事，

只有这样你才可以拥有更多的时间、更多的自由，

让生活不再紧张忙碌，

并且在简单快乐中，

有良好的休养，

拥有健康的身体。

40 岁年纪轻轻，
避免壮志未酬，提前老态龙钟

．
．
．

　　40 岁的中年人每天都要忙碌奔波在单位、家之间，两者皆要兼顾，随着身体不断透支，健康问题不断呈现。

　　不夸张地说，一个年近四十的人，就像一台运转已久的机器，它已经很疲惫了，需要一次综合性的大修。

　　比如说，高血压、糖尿病等，多是 40 岁以后的人生大敌，必须加以重视。

　　那么，40 岁以后，我们应该如何保养身体，维护健康呢？

　　首先，要严防三高，即高血压、高血脂、高血糖。纵然应酬不可避免，也要合理饮食，避免不健康食品的大量摄入。

　　其次，注意父母的遗传基因。糖尿病、高血压、心脏病等有一定的遗传概率，年轻时往往不会表现出来，一旦人的身体机能开始出现下滑，这些疾病就会找上门来。

　　再次，注意合理饮食。40 岁以后，人的新陈代谢功能开始走下坡路，胃肠的吸收功能也逐渐放缓，所以，饮食是个重要问题，为了能延年益寿，我们应注意合理搭配，控制好摄入食物的种类、数量和摄入时间，不宜吃得过饱，尤其是晚饭。

最后，定期进行身体检查。40岁以后，最好每年体检一次，选择标准的体检套餐即可。如果查出隐患，可根据医生的建议有选择地增加个性化体检项目。检查项目除常规的腹部B超、胸片、心电图外，还应包括：

1. 体重血压测量

体重和血压测量，一般是体检的基础项目，但往往会被许多人忽视。

实际上，对于体重超标的人来说，很可能在肥胖的同时伴有高血压、高血脂，所以正确提供身高体重参数，会为医生评定体检者的身体状况提供更好的参考。

2. 直肠指诊检查

在体检中，有的受检者恐惧于直肠指诊，认为会很不舒服，而放弃此项检查。但此项检查可以明确地发现直肠部分包括肿瘤、痔疮在内的相关疾病，而且直肠指诊并没有大家想象中那样痛苦。有经验的医生甚至可以通过它了解前列腺的情况。

3. 血液生化检查

血液生化检查可以及时发现受检者有无高血脂、高血糖、高尿酸等情况，并可以观察到肾功能和肝功能。

据统计，在糖尿病患者中，有近一半的人群是在体检中发现的。而血脂过高则会导致动脉硬化、冠心病、心肌梗死、中风等高危疾病。

4. 防癌筛查

随着人的年龄增长，接触致癌物质的概率也在不断增大，与之对应的患癌概率也就越高。假如一个人经常受致癌物质侵袭，那么在他步入40岁后，就有可能经过演变，形成恶性肿瘤。而40岁的人免疫系统功能开始衰退，应做到早检查、早诊断、早治疗。

5. 身体背部检查

背痛，是一种非常折磨人的疾病，不论是坐办公室的白领，还是常年出卖体力的一线劳动者，皆深受其害。

很多人认为，"挺一挺就过去了"，但事实上，背痛不但可能是肌肉、脊柱出了毛病，通常也是诸多高危疾病的征兆，诸如心脏疾病、肺部疾病都会将病痛辐射到背部。

所以，如果你背疼，千万不要大意，也不要自己在家对着搜索引擎瞎琢磨，请立刻前往医院及时就诊。因为你根本不知道是什么疾病引起的疼痛。

6. 胆固醇检查

胆固醇是人体机能的重要衡量指标，如果它过高，会导致冠心病，也是事关生死的大问题。美国的科研人员发现，一个人如果年轻时胆固醇越高，那么他在晚年患上心脏病的概率就会越大。

一项研究发现，血清中的胆固醇高过 240 的人，比低于 200 的人患心脏病死亡的可能性增加 3 倍以上。而且胆固醇偏高的人，寿命会比正常人短 4~9 年。

所以，这项检查绝对不可忽略。

总而言之，小病不就医，就可能产生大问题。

40 岁的中年人，不但要努力工作，更要注意调养生息，因为健康最重要，它是你所有幸福的基底。

过劳不分年龄，
年轻也要警钟长鸣

许多人为了获得更好的生活，拼了命努力工作，很多时候为了能多赚一点钱，不得不点灯熬油，自发延长工作时间。

劳动强度大、心理负担重，精疲力竭，成为他们的生活常态。

长期的疲劳，也将潜在的疾病调到了"幕前"。

我国知名企业均瑶集团的创始人王均瑶年仅 38 岁就病逝了。

消息一经发布，全网惋惜。

与均瑶集团有业务来往的正泰集团董事长南存辉先生在落泪哀叹的同时，也规定自己公司的员工既要好好工作，也要注意休息。

他说，一个人在一天的时间中，只有 6 小时的工作效率和质量是最高的，如果时间长了，反而没有什么实际效果。

所以，他强调要提高有效时间内的工作效率，不搞拉锯战、疲劳战。他不提倡职工天天加班，天天熬夜，弄得身心疲惫，而企业管理者们则应该把工作合理分配下去，大家共同分担，在有效的时间内共同完成。

人的体力是有限的，如果长期处在一个极度疲劳的状态，他的健康就会受到损害，为了事业而损害健康，是最不值得的做法。

近年来，科学工作者、商界精英早逝的消息不时传出，让人感到惋惜。他们正值人生的黄金期、事业的巅峰时刻，有的甚至还没来得及享受自己的奋斗成果，就撒手人寰。

事情的背后，是他们没有注意到步入中年以后身体向他们发出的信号。他们忘记了，一切的一切都是要建立在健康的基础之上，健康才是最大的财富、最大的幸福。

忽视了健康，就等于失去了最为珍贵的东西。

这个建议，大家其实都应该慎重考虑。特别是40岁的中年人。

今年40岁的张先生是某公司的总裁，虽到不惑之年，但事业有成，创业精神不减。

为了扩大公司规模，积累资本，努力做好与客户的沟通、与市场的对接，他三天两头地出差奔波，没日没夜地找用户、陪客户，回到公司还要开会、研究方案，有时一干就是大半夜。

有时实在感觉到疲倦，他就点上一支烟，喝上几口酒来提神。长此以往，人渐疲乏，日渐消瘦，大家劝他不要太拼命，要注意身体，他却总是认为没事儿。

但有一天，他被救护车送进了急救室。检查中发现，他的重度肝硬化已经是晚期了，并开始腹水。医生表示已无能为力。

在生命的最后时刻，他拉着妻子的手，想说什么却又说不出来。他也许懂得了健康比自己见多少客户、拓展多大的市场都重要。

或许，人只有在失去健康的时候，才会感觉健康的可贵，因为金钱和财富永远买不到健康。

因此，还在辛苦忙碌的 40 岁中年人，如果你疲劳时，就要注意了，它是身体对你释放的一个信号：身体可能超负荷了，你应该根据情况进行调整、休息，做到劳逸结合。而如果你没有理会这个信号，继续工作，不仅会降低工作效率，更会诱发疾病。

科学家曾对"过劳死"做过认真、翔实的研究，并列举了 27 种潜在威胁：

1. 经常感到疲惫，且忘性较大；

2. 自我有衰老感；

3. 颈和肩部有麻木和僵硬感；

4. 酒量突然下降，饮酒也感受不到滋味；

5. 为小事而烦躁生气；

6. 经常头痛和胸闷；

7. 苦闷失眠；

8. 体重突然间有大的变化；

9. 一天能喝 5 杯以上咖啡；

10. 经常在晚上聚餐饮酒；

11. 突然患上高血压、糖尿病，心电图测试不正常；

12. 喜欢吃油炸食物；

13. 吃饭时间不规律，并经常不吃早饭；

14. 单程上下班需 2 小时以上；

15. 做运动但不流汗；

16. 一天吸烟在 30 支以上；

17. 经常晚上 10 点以后才回家；

18. 每天工作在 10 小时以上；

19. 经常出差，每周只在家住两三天；

20. 经常双休日加班；

21. 自我感觉身体良好，不去体检看病；

22. 工作时间不规律，经常上夜班；

23. 最近有工作调动或工作变化；

24. 人际关系变坏；

25. 加班时间突然增多；

26. 工作失误增多；

27. 升职或者工作量增多。

以上 27 项中，只要你占 7 项以上，即是过度疲劳者；占 10 项以上就有可能发生"过劳死"。而在第 1 项到第 9 项中占两项以上，第 10 项到第 18 项中占 3 项以上者也要特别注意自己的疲劳状态。

总之，请大家记住，我们最大的财富不是金银财宝，而是健康，不论你从事什么工作，绝不能以损害自己的健康为代价，否则，即便你取得再大的成就，最终也是得不偿失。

重拾儿时的作息表，
生活务必规律

.
.
.

人的生活方式一般有两种：

一种是没有规律，过得乱七八糟。为了追求生活品质而拼命地强迫自己，连续奋战，剥夺了自己的休息时间，哪怕自己折寿几年也认为非常值得。

另一种则是给自己定下规矩，过着自律有规律的健康生活，不论怎样忙，都力求生活有规律，这样活得自然也更加健康长寿。比如"日出而作，日落而息"。

德国大哲学家康德寿终正寝时 80 多岁，一生致力于哲学问题的研究和思考，几十年如一日，生活规律极其单一。他对时间的控制，几乎分秒不差。每天早上 5 点起床，下午在固定的一条街道上散步，居民都按他出来的时间去校正手表。每晚大约 10 点睡觉。

篮球巨星迈克尔·乔丹在一次采访中说："我的生活非常规律，我从没在 8 点以后起床。"良好的生活规律，让他始终保持着优秀的身体素质和健康。

研究者在研究乔丹的身体状况时指出，他肌肉的脂肪含量是球员里最少的，而如果他生活不规律，晚上不睡觉，白天不起床，就会很快像另一个放弃身体管理的 NBA 球员肖恩·坎普一样，胖到跳不起来投篮！

40 岁的中年人，不论是在事业上还是生活上都已经取得了一定的成果，在单位中大多已是骨干，而这背后却是无限的自我付出，也养成了诸多与健康生活不相适应的不良生活方式，作息时间越来越不规律，早出晚归，没完没了地应酬，自身的健康却在不知不觉中受到了损害。

2024 年，一则《美国富豪为永葆青春用 17 岁儿子的血液换血》的新闻冲上互联网热搜，但换血并没有效果，因此该富豪停止了该项目。

相比换血而言，其实，养成良好的生活习惯和作息规律更有利于保持身心健康。

那么，不良的生活习惯有哪些？笔者做了简单的总结，你不妨对一下号，看你占了几条：

一是不吃早餐。现在许多职场人都因为赶时间放弃了早餐，而40 岁的中年人也是其中的一个主要群体。不吃早餐会损害肠胃，长此以往，使人无法精力充沛地工作，更容易提前衰老。美国加州大学的一项研究报告指出，习惯不吃早餐的人死亡率远高于吃早餐的人。

二是饭后松腰带。一些人吃饱后，习惯将腰带松一松，这样会使自己腹腔内的压力下降，从而增加消化器官的压力，容易引起胃下垂等消化系统疾病。

三是饭后吸烟。饭后吸烟，祸害无边。医学表明，饭后人的胃肠蠕动加快，血液循环加快，如果人在这时吸烟，烟中的有毒物质会比平时更容易进入人体，从而更加伤害身体。

四是吸烟成瘾。科学研究表明，吸烟是引发白血病和白内障的重要因素之一。吸烟者患白血病的概率是不吸烟者的15倍以上。吸烟会使血液的黏滞度增高，流速减慢，易形成血栓，诱发脑卒中等。

烟草中含有20多种毒性成分，可诱发癌症、心肌梗死、气管炎、肺心病等疾病。

（1）易患癌症。调查发现，长期大量吸烟的人患上肺癌、喉癌、食管癌、胰腺癌及膀胱癌的概率比不吸烟的人高3倍。40岁吸烟人的肺同80岁不吸烟人的肺差不多。

（2）易患咽炎等呼吸道疾病。约60%的慢性咽炎患者都是烟民。长期吸烟还易引起肺气肿、心脏和大脑类疾病。

（3）易患动脉粥样硬化。因长时期受烟草中尼古丁的刺激，人体血管壁增厚，管腔变窄，易导致冠心病、心绞痛、急性心肌梗死等疾病发生。

（4）影响胃肠功能。吸烟可以使人体的胃液和胰液分泌减少，食欲减退，并出现消化吸收功能障碍。而且，烟草中的尼古丁容易让人成瘾。成瘾的人在一段时间内不吸烟，就会不安、困倦、注意力不集中。

五是经常熬夜。熬夜影响了人体的正常生物钟，对健康的危害是极大的。长期熬夜者会有以下风险：

（1）免疫力下降。熬夜会降低人体的免疫力，导致感冒、胃肠疾病、过敏等问题。

（2）患胃肠道疾病。熬夜会让人有饥饿感，如果选择加餐，肠胃就不能正常休息，从而增加患病概率，而烧烤、煎制食物中含有致癌物质，长期食用会引发胃癌、大肠癌。

（3）患上心脏病。作息不规律，人会变焦虑，脾气变坏，加大心脏负荷，长期下来，患心脏病的风险会极大增加。

40岁的中年人，上有老下有小，更应摒弃不良生活习性，养成良好习惯，保证自己的健康，须知：健康是革命的本钱。

轻点卷，
将自己从工作的高压力与紧张感中释放出来

∶

·

一位女士回忆着与离世丈夫生活的点点滴滴。

当时，她的丈夫只有一种想法，那就是赚钱，目的就是让这个家变得更好。

他把自己的个人生活完全置之度外，为了赚钱，没日没夜地在外忙碌奔波，甚至几天几夜不回家。

"后来，我们的家就几乎不像家了。"女人说。

丈夫一回到家，不是在联系业务，就是在为业务而思考。赚钱似乎成了他唯一的生活理念。

因为长期高度紧张地工作，他整个人都显得疲惫不堪，即使这样，他仍然没有改变自己的习惯。

"我还清楚地记得他在深夜里，坐在书房的桌子前思考，旁边的烟灰缸里有一大堆烟头，有时还会有很剧烈的咳嗽，我劝他，甚至是恳求他去休息，但他却坚持要把明天的准备工作做完。"女人有些懊悔地说着。

"我丈夫在生意上精打细算每一笔收入和支出，差一分钱他都要算半天，直到算明白为止。"女人说。

她的丈夫虽是千万富翁，但却因为眼里只有工作，无暇顾及家庭生活而没了应有的生活之乐。最后，因为感受不到他的存在与温暖，家里人也渐渐地疏远了他，只是在享受他创造的财富。

没过几年，丈夫就积劳成疾，被病痛带到了另一个世界。

泰戈尔说："休息与工作的关系，正如眼睑与眼睛的关系。"

如果我们的眼睛累了，就要闭上休息一会儿，以养神休息；如果工作久了，就应该让身体休息一下，这样才能保证工作质量，把工作做得更好。

只有好好休息，才能好好工作，正如同汽车和保养的关系，车在高负荷运转一段时间后，就要进厂保养，只有这些工作做好了，才能继续高负荷运转。

以滑雪为例，大家都知道，在滑雪中遇到的最大困难不是不能前进，而是在高速中难以准确地停下来。如果不掌握可以随时停下来的技巧，那就会出大问题——撞大树、撞石头、撞人……轻则受伤，重则身亡。

这与我们的生活一样：只有懂得休息的人，知道随时随地调整状态；只有停止不适行为的人，才会有更高的工作效率。也就是大家说的"会休息的人才更会工作"。

科学家曾做过一个试验。

让一群青年搬运工向货轮上装铁锭，小伙子们很努力，连续工作了4小时，才勉强装了10多吨。

但是次日，这群年轻人每干 26 分钟就自我休息 4 分钟，同样是装了 4 小时的船，却装了近 50 吨。

这就是休息与效率之间的关系。

很多发达国家的大公司都在办公区内专门设有"打盹区"，目的就是让感觉累了的员工适当休息一下，恢复精力和体力，这或许也是现代企业管理制度更为人性化的一个表现。现在，随着人们健康观念的转变，很多部门将保持适当休息写入章程。

人工作就是要创造更好、更高质量的工作业绩，如果一个人长期处于紧张状态、处在高度压力之下，那么就难免会出现这样或那样的问题。

所以有人总结道："一天到晚地工作并不是永恒的美德。"

《懒人长寿》里面写道：要想获得健康、成就与长久的能力，必须改变"不要懒惰"的想法，鉴于压力有害健康，应该鼓励人们放松、睡点懒觉、少吃一些等。

可见，我们在工作、生活、学习中，无论多么忙碌，都要学会忙里偷闲，闹中取静，劳逸结合，以保健康。

有个女孩很喜欢母亲早年买来的一套景德镇瓷器，但母亲视若珍宝，小心翼翼地将瓷器锁在柜中，她只能在母亲为瓷器擦拭灰尘的时候看上一眼。

她很想拥有它。母亲告诉她："将来你出嫁了，我就把它们送给你。"

在她大婚之时，母亲按照承诺把瓷器送给了她，但她已不想要了，因为她觉得，它们过于娇气，要小心照料才行。

她便在婚后把它们转送给了自己最要好的朋友。

事后，她把这个故事告诉了一位邻居，邻居想了想，便拿起铁锹，去挖自家屋前面的草坪。

她很好奇，就问道："你为什么要挖掉它？这可是你精心打理的心血呀？"

"我每年都要为打理它花费数不清的时间，施肥、松土、浇水、剪割……谁会用得着呢？是你处置瓷器的方式给了我启发。"

而后，这位邻居把草地变成小果园，从此再也不用付出原先打理草坪那样多的精力，终于可以腾出时间做些自己愿意做的事情。

可见，你要将自己负责的事情变成容易做到的事，只有这样你才可以拥有更多的时间、更多的自由，让生活不再紧张忙碌，并且在简单快乐中，得到良好的休养，拥有健康的身体。

妥帖的休闲与爱好，
是保证身心愉悦的基调

:

.

40 岁的我们，工作之外，还要面临生活中的压力：房贷、车贷、子女教育费、赡养父母的费用，以及人情礼份等繁杂的日常生活开销等。

一项费用一座山，压得我们喘不过气来。

在这种状态下，为了维持家庭的良好运转，我们每一个人都在拼命地努力挣钱，虽然不是机器，却开得比机器更有动力，甚至时不时来个通宵，就是为了多挣那几百块钱。

就像我们一再强调的那样，这是本末倒置。

在我国台湾地区有位知名的心理学家叫游乾桂，他花了几年的时间思考，最后决定改变自己的工作状态，不再每天去赶场演说，而是把时间留给自己，去养花、看星空，调整好劳动与养生的关系。他深刻领悟到，工作中的快乐与不快乐，可能仅仅 0.1 的微差，只有你站在中间位置上才可以做好平衡。

他将生命形象地分割成健康、时间、自由与快乐四个部分，并依据个人实际情况来分配和排序。假如这四个元素，一样都不少，你的生活就是平衡而且幸福的。

那么，在现实中，我们要如何在工作和生活间做好平衡呢？这是许多人面临的问题，更是40岁中年人不得不面对的问题。

随着经济社会的快速发展，人们的生活节奏也在不断变快，身在职场的人越来越有压迫感，虽然努力工作，但却感受不到工作的快乐，身心俱乏。

这种情况下，其实你需要去寻求工作之外的东西，通过你的爱好与兴趣，享受人生的快乐，如健身、打球、做瑜伽等。

它们可以帮助你缓解工作压力，协调健康、工作与生活之间的关系，促进你的成长和能力拓展，并提高你的生活品质。

如果你是一名办公室职员，你把工作业绩看作自己成功的唯一标准，那么，你只有在工作上春风得意时才感到快乐，一旦工作遇到麻烦，你的唯一支撑就不在了，你会感到烦恼不堪。而当你把快乐的定位拓展到工作之外时，即使你在工作中受挫，也会有另一个支撑，让你保持积极、轻松的心态。

所以，不管你从事什么工作，一定要学会调整自己，保证自己每个星期或是每一天都能够有一定的时间走出紧张繁忙的工作，去好好享受休闲与乐趣，体验生活的快乐。不论是一个人，还是与家人、好友去郊游、登山，抑或是参加其他体育活动，都不失为一个很好的拓展。

有些人确实给自己留出了休闲的时间，但他们把大部分时间都花在了看电视、刷手机上，甚至是参与到网络上一些低俗、消极的活动中，这是不值得提倡的。

那么，哪些才是积极有益的休闲活动呢？

写作、阅读、散步、参加公益活动等既可以让自己充实，愉悦生活，也可以有益于社会，拓展个人思维、增强个人体质和活力，奉献社会，让人在生活中获得满足感。

总之，40岁以后，应该学会调整生活，让自己拥有一定的个人空间，做到张弛有度，因为"休息并非完全无所事事，休息是整装待发"。

有一种省钱的疗愈，
叫舌尖上的健康

∙ ∙

∙

人生一世，不过五件事：吃、穿、住、用、行。

这五个方面，每一个都与人的身体健康息息相关。其中，"吃"是排在第一位的。

古人云"民以食为天"，这充分说明了饮食在百姓生活中的重要地位。

人活在世上，需要通过吃的方式，来获取身体所需的营养物质和能量，以维持生命的正常运转。

饮食与身体健康密不可分。那么，你知道怎样才算吃得健康吗？这里我们一起学习一下。

一是一日三餐要有别。早餐，要像皇帝一样，吃得有营养；午餐，要吃得像绅士，吃得饱且吃好；晚餐，要吃得像乞丐，不能吃得太饱。

科学研究表明，人体的新陈代谢也是有周期的，上午优于下午，下午大于晚上，所以晚上吃得多了就容易发胖，不吃早餐会使一天缺少能量来源，所以早餐是非吃不可的！

二是要多吃粗粮。米饭是中国人习惯了的主食，但是，大米在加工过程中，经过碾磨，一部分纤维和维生素成分随着糠和胚芽被去掉，因此，吃米饭只能从中摄取相应的热量，却得不到相应的营养补充。

所以，我们要改变饮食习惯，特别是 40 岁的人，可以以糙米、全麦制品等粗粮替代精制的白米，这样不仅能补充更多营养物质，还能预防便秘、大肠癌、心血管疾病。

三是清淡少盐。生活中，我们应尽量减少高热量食物的摄入，因为油、盐、糖、味精等调味品皆含高热量。可以多选择葱、姜、蒜等天然香辛料，这样不仅可以使食物味道鲜美，也更有助于健康。

四是饭前先喝一碗汤或一杯温开水。有人习惯将最喜欢吃的食物留到最后吃，即便吃得很饱，也不忘来碗热汤调和。但饭后喝汤，很容易使人吃得太撑、冲淡胃液、影响消化；而把喜欢吃的食物留到最后，只会增加自己的进食量。正确的方式是饭前先喝一小碗清汤或一杯温开水，再吃自己喜欢吃的食物，便能一定程度地减少进食。

五是拖延进餐时间。就餐时需要挑刺、剔骨的食物可拉长你的进食时间，这样不但可以增加你的咀嚼，也可以提早增加饱腹感。

六是细细咀嚼食物。科学研究表明，一般一个人正常的用餐时间为 10~20 分钟，而增加咀嚼次数，也就是细嚼慢咽（每口食物至少咀嚼 10 ~ 20 下），这样可以增加饱腹感，也能减轻胃肠的负担。

七是饭吃八分饱。许多长寿者的共同饮食秘方就是"饭吃八分饱"。"八分饱"不仅不会让人觉得饿，而且可以每天少摄入约 500

卡的热量。

八是选择零热量零食。在三餐外，如果你想吃东西，可以吃没有热量、超低热量的食物，如高纤饼干、果冻等，它们可以占满你的胃部空间，消除饥饿感。

九是多饮水。有专家建议，在你肚子感觉饿，想吃东西的时候可以多饮一些白开水、偏碱性的苏打水或是气泡水，这些都很适合充饥，也可达到控制食欲的目的。

总之，我们要通过科学合理的饮食，在保证身体健康的前提下保证自己有足够的营养摄入，保证自己有充沛的精力去更好地工作、生活、学习，直面生活中的挑战。